# 被误解的美洲

[美] 查尔斯·C. 曼恩 著

孙岳 李洁 付利芳 译

中信出版集团 | 北京

图书在版编目（CIP）数据

被误解的美洲 /（美）查尔斯·C. 曼恩著；孙岳，李洁，付利芳译 . -- 北京：中信出版社，2019.7

书名原文：Before Columbus: The Americas of 1491

ISBN 978-7-5217-0587-4

Ⅰ . ①被… Ⅱ . ①查… ②孙… ③李… ④付… Ⅲ . ①美洲—历史—青少年读物 Ⅳ . ① K700.9

中国版本图书馆 CIP 数据核字（2019）第 092148 号



**被误解的美洲**

著　　者：[ 美 ] 查尔斯 · C. 曼恩
译　　者：孙岳　李洁　付利芳
出版发行：中信出版集团股份有限公司
（北京市朝阳区惠新东街甲 4 号富盛大厦 2 座　邮编　100029）
承 印 者：北京启航东方印刷有限公司

开　　本：787mm × 1092mm　1/16　　印　　张：7.5　　字　　数：120 千字
版　　次：2019 年 7 月第 1 版　　印　　次：2019 年 7 月第 1 次印刷
京权图字：01–2019–2774　　广告经营许可证：京朝工商广字第 8087 号
书　　号：ISBN 978–7–5217–0587–4
定　　价：68.00 元

**图书策划：见识城邦**
策划编辑：肖雪　徐海凌　　责任编辑：徐海凌　　营销编辑：杨璞
责任印制：刘新蓉　　装帧设计：韩捷

# 目录

清教徒到达马萨诸塞

# 引言

1620年11月，102个英国人乘坐“五月花号”轮船驶向马萨诸塞海岸，我的祖先约翰·比林顿（John Billington）也作为这些清教徒中的一员来到了美洲。关于这些清教徒的故事，我听我的祖父母和老师讲过很多遍，但后来我才意识到，他们在离冬天只剩六个星期的时候才到达新英格兰，过着没有食物、没有住所的生活。尽管极度缺乏准备，还是有一半的人成功地在冰天雪地中活了下来。（比林顿也是他们中的一员，这真是我的一大幸事。）我对此感到很惊讶，那些清教徒是怎么活下来的？

学校的历史书告诉了我答案，书上写到“一个友善的印第安人斯匡托（Squanto）帮助了那些殖民者”，“他教那些清教徒如何种植玉米、怎样在荒野的边缘生存”。数年之后，我发现那个印第安人的真实姓名是提斯匡特姆（Tisquantum），我还了解到他帮助清教徒的真实故事比历史书上的版本更为复杂和有趣。

清教徒惊讶地发现提斯匡特姆早就会说英语。这是因为六年前，他被一些航行至此的欧洲水手绑架并被卖到西班牙当奴隶。（当时，奴隶制在欧洲部分地区很普遍。）一群反对奴隶制的教士救出了提斯匡特姆。他设法逃到了英格兰。那里的一个英国商人收留了他，不过那个英国商人可能是把他当成会喘气的博物馆展品了。在商人家里，提斯匡特姆学会了英语，靠着口才登上了一艘开往美洲的船。

提斯匡特姆是万帕诺亚格部落联盟（Wampanoag alliance）的一员，它由一群美洲原住民村落组成，位于现在的马萨诸塞州和罗得岛州。按照我历史课本里说的，万帕诺亚格部落联盟的首领派提斯匡特姆和清教徒们一起生活、给他们提供帮助。然而，现在历史学家发现，提斯匡特姆答应这样做的部分原因是他想让清教徒支持他。如果清教徒可以去攻击他的敌人，他便成了万帕诺亚格部落联盟里最有实力的人。最终，提斯匡特姆的计划失败了，但是他险些挑起了一场内战。

清教徒花了很长时间才识破提斯匡特姆的阴谋。受自身偏见和信仰的误导，清教徒难以理解印第安人。（同样，印第安人也难以理解清教徒。）最终，这两群迥然不同的人——清教徒和万帕诺亚格部落联盟——展开了一场血腥而野蛮的战争。清教徒赢

一位美洲原住民看到清教徒从他们所乘坐的“五月花号”上登岸，欧洲人和印第安人之间的会面让双方都大吃一惊

得了这场战争。尽管如此，他们一直都不明白他们为什么会赢。直到 20 世纪 60 年代——我的祖先比林顿登陆的数百年之后——历史学家才完全理解为什么一小群缺乏准备的欧洲殖民者能够打败人数众多的印第安人部落。

为什么欧洲人赢了？清教徒没有多少武器，也不知道如何在这片新土地上生存。为什么他们没有被消灭掉？是因为美洲原住民的数量太少，无法抵抗大量涌来的欧洲移民？因为印第安人社会的技术太落后？还是另有原因呢？

这是我开始写成人版《1491》时想要弄明白的一大问题。令我吃惊的是，这个问题的答案涉及一些发生在数千年前的事件。这也是本书第二部分的主题。

本书第一部分讲的是一个更加基础的问题。当欧洲人第一次来到美洲时，他们经常说这个大陆“人烟稀少”。就好像印第安人在这儿生活了数千年，却没有建造任何东西。我在想，这怎么可能是真的呢？在世界其他地方，人们建造了农场、得出了惊人的科学发现、建设了大城市。大学毕业后，我在意大利生活了两年。当我驾车在乡下四处游览时，我发现这儿满是过去的印记——罗马时代的废墟、文艺复兴时期的教堂、伊特鲁里亚人[①]修建的墙壁。难道在美洲就没有像这样伟大的早期文明吗？难道欧洲人口中的新大陆真的这么新吗？

这个问题指向了第三个问题。当今，美国的环境法律旨在让这个国家的河流、土地、森林恢复到仅有印第安人生活在美洲时的样子。我的历史课本告诉我，在我的祖先比林顿到来之前，世界的这一半（也就是美洲）基本上都是荒原：成片的空旷土地、原生态的大自然景象。我又在怀疑了，这可能是真的吗？印第安人在这生活了那么久，真的只留下了一片未经改造的土地吗？这本书的第三部分将探讨这些问题。

在 20 世纪 70 年代，当我还在上学的时候，我的历史书把这些问题的答案告诉了我。然而现在，很多研究人员认为我学到的几乎所有关于美洲早期历史的东西都是错的，尤其是关于美洲原住民的部分。现在正在形成的是一幅全新的图画：它展现了 1492 年克里斯托弗·哥伦布到达之前美洲的生活是怎么样的，也展现了欧洲人的到达是如何影响美洲的。

美洲原住民创造的社会比我们过去所认为的更古老、更宏大、更发达，他们在这片土地上留下的印记或许会震撼到你。正如我所发现的——也正如你们在接下来的篇章中将会看到的——许多新发现和新观点正在给我们展示一幅比我在学校时所学到的更好、更清晰，也有着诸多差异的前哥伦布时代的美洲面貌，我确信这是我的祖先比林顿想要了解的景象。

① 伊特鲁里亚人（Etruscan），意大利的古代民族，公元前 8 世纪分布在伊特鲁里亚地区。——编者注

# 1492 年的美洲原住民们

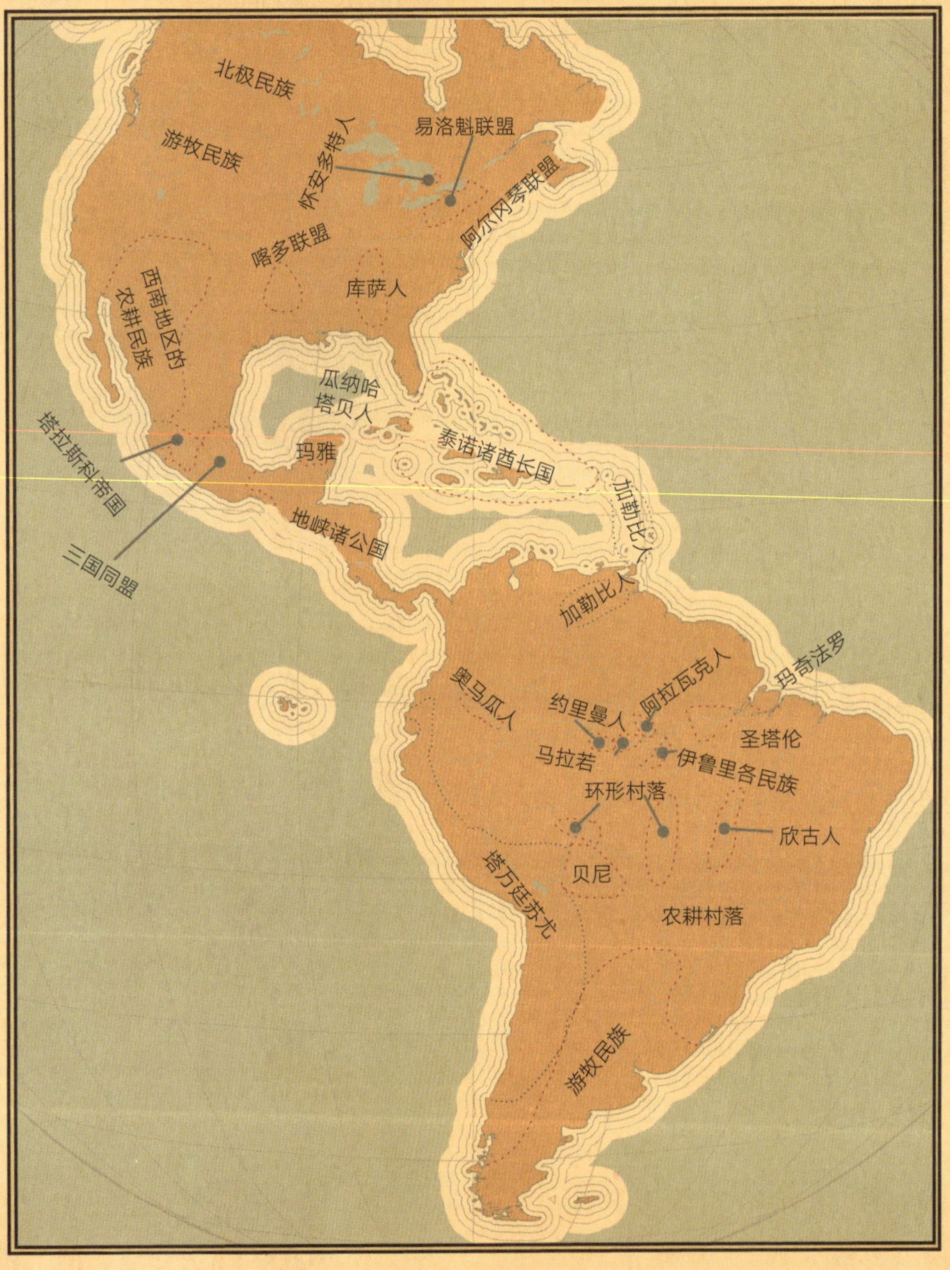

第一部分

# 1

# “新大陆”有多古老？

15 世纪末，欧洲人横渡大西洋时发现了一片陆地，他们称之为“新大陆”。这片陆地就是美洲，它是数百万人的家园，也是许多古代文明的发源地。

数千年之前，南美洲的安第斯山脉孕育了一大文明中心。另一文明中心的雏形出现在遥远的北方中美洲，这一文明中心包括墨西哥的大多数领土和它南方边界之外的一些土地。森林、沼泽和山脉把安第斯和中美洲的文明分离开，使得这两大文明迥然相异。这两大文明也不同于亚洲、埃及以及欧洲的原始社会，但是它们几乎一样古老。近期的发现表明，美洲文明的诞生时间比此前任何人所认为的年代都要早。

古代秘鲁的卡拉尔城（Caral）有一座大型神庙，一个圆形露天剧场（神庙后面的圆形建筑），还有金字塔

# 第一章

# 沙漠中的城市

一代又一代的历史学家都认为他们知道文明是如何诞生的。约 11 000 年前，中东地区的人类发明出农业时，文明就诞生了。后来，苏美尔文明在美索不达米亚地区（位于现在的伊拉克）发展起来。至迟在大约公元前 4000 年，一些苏美尔农业村庄逐渐成为最早的城市。随着时间的流逝，苏美尔文明的重要组成部分，如耕作、城市建设和书写等，传播到了美索不达米亚的其他地区、埃及以及更远的地方。欧洲万物的起源都可以追溯到苏美尔。

历史学家曾经说，大约 3 000 或 3 500 年前，美洲文明诞生在包括墨西哥和中美洲在内的一大片区域里。这就意味着美洲文明大概与中国最早的有正规国家机构的朝代（即商朝①）同期诞生，但是美洲文明远比中东文明年轻。至少，专家当时是这样认为的。

---

① 约公元前 1600 年—约公元前 1046 年。——译者注

雾气笼罩的秘鲁海岸，这片凉爽而多云的长条地带是世界上最独特的沙漠之一

然而，20 世纪 90 年代以来，南美洲沿岸地区的一系列惊人发现让我们重新认识了美洲文明的诞生。5 000 年前，世界上的城市少之又少。其中最大的城市中心可能就是秘鲁沙漠中的一群小城市。

## 奇特的沙漠

高耸崎岖的安第斯山脉绵延于南美洲的西海岸，宛如一条横贯整个大陆的、正在沉睡中的巨大恐龙的脊柱。再往西就是太平洋。夹杂在群山和大洋之间的是狭长的灰棕色沙漠。这块干旱地带就是秘鲁海岸。

沙漠向南延伸到秘鲁邻国智利境内的海岸。在智利，这片沙漠叫作阿塔卡马沙漠，它是地球上最干旱的地方。这片沙漠中的一些地区从来没有下过雨。每当太空科学家要找一个和火星上的沙地很相像的地方时，他们就会去阿塔卡马。

秘鲁海岸的沙漠不像阿塔卡马那么干燥。它每年大概有 50 毫米的降水量，这些降水主要以雾的形式呈现。在冬天的早晨，海洋带来的冷空气沿海岸弥漫，带来潮湿的雾气，涌向山谷，萦绕数个小时，然后逐渐消散。

尽管有沙丘和烈日，秘鲁海岸依然不是一片撒哈拉那样的沙漠。五十多条河流从安第斯山脉奔腾而下，穿过秘鲁海岸的沙漠汇入太平洋。河流沿岸布满植被，在这片

## 绦虫引发的麻烦

古代新克罗木乃伊制作者的技术和阿塔卡马沙漠干燥的气候使得死者的躯体保存得很好，所以现代科学家才能够从木乃伊身上提取 DNA。科学家通过研究木乃伊发现，新克罗人从生海鲜中感染了寄生虫。这些海洋绦虫寄生在人的肠道里，它们能够长到 5 米长。这些寄生虫的受害者会生病，最终死去。这就难怪一些新克罗的孩童木乃伊身上展现出了致命疾病的症状！

早在公元前 6000 年，新克罗文化的人就发明出了制作木乃伊的精巧工艺

几乎没有生机的土地上，这些河流就是绵长的绿洲。

最近，研究古代人类和古代文明的考古学家发现了一些秘鲁海岸沙漠曾有原始居民生活过的痕迹。这些远古居民在沙滩上挖掘楔形贝，用网来捕捉成群的石首鱼（这些鱼有 15 厘米长），然后把食物带到他们位于内陆的基地。他们在这片土地留下的痕迹可以追溯到公元前 10000 年。

## 木乃伊的制造者

公元前 8000 年时，人们散居在南美洲的西部。现代历史学家把这些早期美洲人称作古印第安人，古印第安人这个词来源于希腊单词 paleo，意思是“古老的”。一些古印第安人生活在秘鲁海岸，像他们的祖先一样织网捕鱼。其他人要么从红树林沼泽中捕鱼，要么在山洞里定居，用长矛猎杀一种叫骆马的动物（这种动物跟鹿差不多大）来维生。

我们对这些先民的信仰和习俗知道得很少。考古学家必须设法从他们留下来的东西中拼凑出一个画面，比如他们留下的世界上第一具木乃伊。

新克罗人生活在阿塔卡马沙漠里。在公元前 5000 年之前的某个时候，他们开始

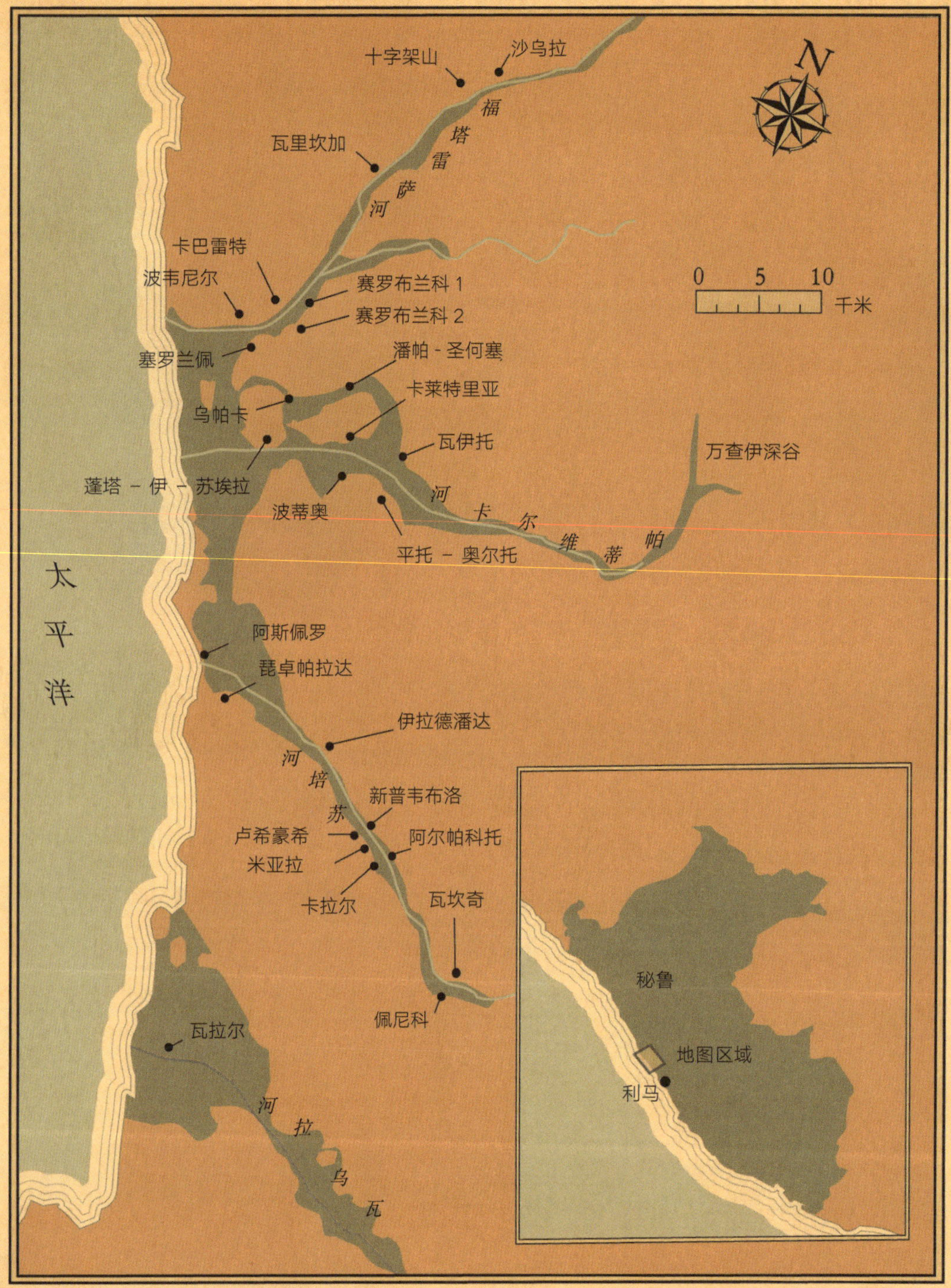


小北地区，公元前 3000 年—公元前 1800 年，美洲最早的城市群

把小孩的尸体做成木乃伊，后来也把成人的尸体做成木乃伊。制作过程有些吓人。他们像脱袜子一样剥掉死者的皮肤。然后用白色的黏土覆盖在躯体上，再在躯体上按照死者生前的模样来作画。最后，他们给每个木乃伊戴上一顶用他（她）自己的头发制作的假发。这些木乃伊经常被重新上色，这意味着他们可能在数年间被用以展示。

没有人知道新克罗人把死去的人做成木乃伊的具体原因，但这一行为是“信仰”的最初表现。后来，这一信仰在安第斯山脉周围的其他印第安文明中也传开了，他们都尊敬死去的人，并将死者一直保存下去。

## 小北地区令人惊讶的城市

秘鲁首都利马的北方，属于被称作小北地区的一片海岸沙漠的一部分。它由四条山谷组成。每条山谷底部都有一条河，河水伴着和煦的微风流向海岸。

小北地区散布着许多大土丘。多年来，有些人认为这些土丘里可能保留着古代人的遗物。于是，在 1941 年，两名美国考古学家首次对小北地区进行了详尽的研究。他们在一个叫阿斯佩罗的地方进行挖掘，这个地方位于该地区一处河口的盐碱沼泽中。

考古学家发现了一个大垃圾堆和一栋有很多房间的古代建筑。然而，他们没有发现陶器，只发现了很少的几根印第安玉米穗。这令人们很困惑，因为一般观点认为玉米是印第安人的主要食物，为什么在阿斯佩罗，玉米的踪迹少之又少呢？印第安人到底是如何在盐沼里种植玉米的呢？

阿斯佩罗遗址的年代也是一个谜。20 世纪 50 年代，科学家开始开发一种新方法——放射性碳测年法。它能测定以前的生物死后至今所经过的时间。考古学家可以用这项新技术检测出骨头、木材、布料、皮革以及其他含有动植物组织的物体的年代。

直到 20 世纪 70 年代，放射性碳测年法才在阿斯佩罗使用。一名在这儿做新研究的考古学学生终于有足够的经费来用放射性碳测年法做一些测试。测试的结果使他大吃一惊：其中一项测试显示阿斯佩罗地区的年代是公元前 3000 年。

这名考古学生认为这结果太荒谬了。阿斯佩罗的建筑太大了，不可能那么古老。不然就意味着生活在秘鲁的人们比埃及人更早建造了巨大的金字塔，这将会颠覆历史。这名学生确信测试出错了。

下一个惊喜出现在 1994 年，当时，一位秘鲁考古学家开始在一个名叫卡拉尔的地方工作，卡拉尔位于阿斯佩罗内陆。她发现了占地 61 万平方米的建筑，包括有着许多房间的大型石头建筑。这儿也有很多夯土做成的平台，有一个平台长 150 米，高 18 米。很明显，卡拉尔曾经是个大型居民点，但是它有多古老呢？

放射性碳测年法表明，卡拉尔是在公元前 2600 年之前建立的。历史书必须要重写了。卡拉尔的平台和建筑被认定为美洲已知最古老的城市。

然而，这一头衔没能保持多久。2004 年，一队考古学家报道了他们沿着秘鲁小北地区北部的福塔雷萨河探索的遗址的年代，其中有几处遗址比卡拉尔还要古老，尤其是拥有金字塔的瓦里坎加（Huaricanga）可以追溯到公元前 3500 年。它是目

这个圆形露天剧场是精巧的卡拉尔古城复合体的一部分

前已知的美洲最古老的城市。

## 文明的新发源地

在人们发现卡拉尔、瓦里坎加以及小北地区其他城市之前，历史学家相信最早的美洲文明或先进生活方式起源于包括墨西哥和美洲中部在内的中美洲。当时他们的看法是，古代中美洲人一定去过秘鲁，而且秘鲁人一定借鉴了他们的技术、习俗和信仰。但是瓦里坎加的历史可以追溯到公元前 3500 年，比任何中美洲文明都要古老。这证明了秘鲁的文明是独立产生的。

在瓦里坎加建立之后的一千年里，小北地区的人们又建造了更多的城市。到目前为止，考古学家已经发现了约 25 座城市。这些城市都不像苏美尔（中东文明发源地）的城市那么大，但是它们加起来的规模要比苏美尔大。瓦里坎加和其他至少 6 个小北地区的早期城市早已经有了大型的公共建筑，包括可能用于宗教仪式的类似金字塔的建筑，这比埃及人要早好几个世纪。当小北地区的人建造他们的城市时，苏美尔是它们以外的地球上唯一一个城市复合体。

瓦里坎加有一个土堆看起来像个大沙丘。当考古学家开始挖掘时，他们在一层泥土下面发现了曾经被灰泥抹平过的石墙。他们清理出了一个巨型平台的顶部和通向平台顶部的楼梯。很快，他们就看到了一些结构，足以绘制出它的轮廓。它长 45 米，高 18 米，呈巨大的 U 形，两臂之间有一个凹陷的广场。在它被建起来的那个年代，它是世界上最大的建筑物之一。

考古学家把这个位于瓦里坎加的大土堆和小北遗址中其他类似的大土堆称为神庙，因为它们很可能是出于宗教原因建造的。它的宏大和壮丽将令每个看到它的人都叹为观止。建造这座神庙无疑需要耗费大量劳动力。然而，人们通常不会自愿每日背着一篮又一篮沉重的石头去建造公共建筑。所以对这种工作进行规划和控制需要有权力或影响力的领导者。因此，正在研究瓦里坎加和附近其他遗址的考古学家说，小北地区是继美索不达米亚之后，世界上第二处出现中央集权政府的地方。

## 棉铃和小鱼

在小北地区，没有发现被烧毁的建筑物、残缺的尸体或其他战争的迹象。那里的城市不是为了防御或作为堡垒而建造的。相反，它们可能是做礼拜的场所，也可能是贸易的场所。不过，小北地区的人有什么东西可供贸易呢？他们是怎么生活的呢？

在苏美尔、埃及、印度以及中国，文明都开始于大规模的粮食种植。大片粮田养活了不断增长的人口，使文明的产生成为可能。过去，考古学家和历史学家认为所有的文明都是这样开始的。现在，他们中的一些人认为，安第斯文明是以完全不同的方式为基础而产生的：那就是捕鱼。

小北地区早期的古印第安居民从大海里而不是陆地上获取大部分食物。阿斯佩罗和其他沿海遗址的废墟中有许多鱼骨，但几乎没有粮食作物的迹象。一些研究人员怀疑，小北地区最古老的居民点是沿海的渔业村落。直到后来，人们才移居内陆开始务农。当他们转向农业时，他们的主要作物不是粮食，而是用来做渔网的棉花。

尽管小北地区很干燥，但却很适合灌溉。陆地地势陡峭，快速奔流入海的河流从安第斯山脉带来雪融水。几千年前居住在这里的人们发现，如果他们挖掘沟渠把河流里的水引到土地里，河水就会迅速流过渠道而不蒸发，也就不会留下盐和矿物质。这就意味着人们可以灌溉他们的土地，种植几个世纪的庄稼，而且使土壤不被化学物质污染。小北地区的居民通过挖掘绵延数千米的灌溉沟渠，使他们的土地肥沃起来。

他们用这片肥沃的土地种植棉花，这些棉花曾是沿着南美洲海岸生长的野生植物。当地的棉花品种能长出长而蓬松的蒴果，里面有被称为棉铃的纤维。小北地区的人学会了将棉花纤维织成线和布。小北地区的古代建筑中没有雕像或雕刻品，却有一些编织出来的布匹。

棉花是沿海和内陆城镇之间区域贸易网的一部分。瓦里坎加、卡拉尔和其他内陆城镇的人们在他们配备灌溉设施的田地里种植棉花、水果和蔬菜。居住在阿斯佩罗和其他沿海地区居民点的人们捕捉了大量的鱼，尤其是凤尾鱼和沙丁鱼，这些小鱼在秘鲁海岸的寒流中茁壮成长。沿海人向内陆人提供鱼，作为回报，沿海人得到了做渔网所需的棉花。

秘鲁文明真的是建立在渔业而不是农业之上吗？这是众多问题中的一个，而这些问题只有通过进一步对小北地区进行研究才能得到解答。然而，这条长期被忽视的秘鲁海岸线让历史学家对古代美洲历史产生了新的观点。小北地区燃起了一朵文明的火花。在接下来的 3 000 年里，许多文明在秘鲁兴起又衰落。通过它的大型公共建筑、贸易行为以及对棉花和纺织品的运用，小北地区或许为别的文明树立了一个典范。

## 雕刻的葫芦

考古学家喜欢手工制品。这些人造物品可能是工具、陶器碎片、金冠，或者简单的家用器皿，比如木勺，但每一个都有故事可讲。就像消失的文化留下的建筑物一样，手工制品也能为研究人们当时如何生活提供线索——有时甚至还能知道他们信仰的东西。

要研究小北地区人信仰的神，雕刻的葫芦或许是仅存的线索。这个葫芦是在瓦里坎加南部的一个山谷里发现的，那里似乎是一座古墓。干葫芦的表面雕刻着一个牙齿尖锐的人。他戴着帽子，每只手都拿着一根手杖或棍子。一些研究人员认为这是已知最古老的“棍神”（Staff God）的形象，他出现在晚期安第斯山脉文化的艺术和宗教中，一直延续到现代印加人的生活中。如果这是真的，那么安第斯宗教传统的这一重要部分就起源于小北沙漠，而且这个传统完好无损地延续了 4 000 年。

然而，雕刻作品的年代依然是个大难题。放射性碳测年法显示，那只葫芦大约是在公元前 2200 年采摘的。然而，当考古学家发现它时，它被裹在处于公元 900 年到 1300 年间的地层中。这是否意味着人们将这只古老的雕刻葫芦珍藏了 3 000 年？或者，这是否意味着有一天，一个生活在公元 1000 年左右的人，偶然发现了一只 3 000 年前的干葫芦，并决定在上面雕刻一幅创世神的画像？这个雕刻葫芦的例子提醒我们，即使我们找到了很久以前的手工艺品，我们通常也无法准确弄懂它们的含义。

小北地区，帕蒂维尔卡河谷（Pativilca valley）
公元前 2280—前 2180 年

查文文化（Chavin），卡尔瓦地区（Karwa）
公元前 500—前 300 年

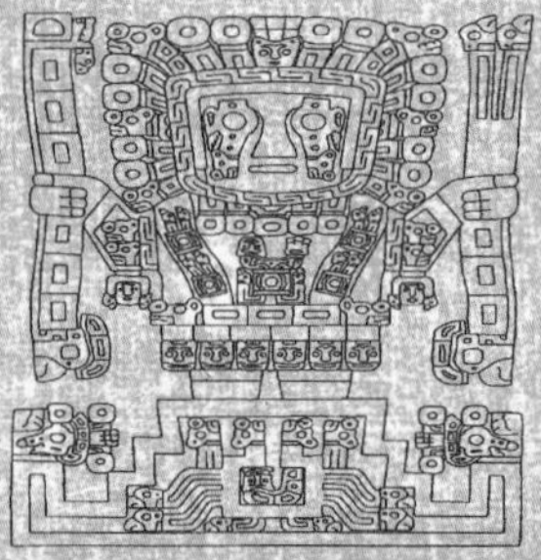

蒂亚瓦纳科（Tiwanaku），太阳门
公元 300—1000 年

# 第二章

# 基因工程

如果你让现代科学家说出世界上最伟大的基因工程成就，你可能会惊讶于他们可能会给出的一个没什么技术含量的答案：玉米。

科学家知道，玉米产生于 6 000 年前。尽管这种众所周知的植物究竟是如何出现的仍然是个谜，但科学家们知道它是在墨西哥南部狭窄的“腰部”地带出现的。在这里，山脉、海滩、潮湿的热带森林和干旱的平原错综相连，形成了中美洲最具生态多样性的地区。今天，这里已经是十几个不同印第安部落的家园，但这些丘陵和山谷所蕴含的人类历史却能够延伸到遥远的过去。

## 从狩猎到采集再到耕作

大约 11 500 年前，一群古印第安人生活在位于现今墨西哥普埃布拉州（Puebla）的洞穴里。这些人是猎人，但是他们却不猎杀乳齿象和猛犸象。这些庞大的物种当时

墨西哥南部依然生长着许多不同品种的玉米

已经灭绝了。猎人们捕食的是一些较小的猎物，比如鹿和野兔。他们有时甚至还吃巨型海龟（它们可能比快速移动的鹿和兔子更容易捕获）。

然而，在接下来的 2 000 年里，这些猎物越来越少。这也许是因为这里的人狩猎技术太高超了。也许，随着气候逐渐变得炎热干燥，动物生活的草原缩小了，所以动物的数量也随之减少了。或许是这两种原因一起导致猎物越来越少。无论何种解释，普埃布拉和邻近的瓦哈卡州（Oaxaca）的猎人为了获取更多的食物，都转而以植物为食。

四季的更替塑造了他们的生活和饮食。一年的大部分时间里，每户人家都独自生活，从一个地方搬到另一个地方。冬天的时候，他们就去打猎。春天和秋天，他们会采摘种子和果实。到了夏天，他们最喜欢的食物之一——仙人掌叶子很充裕，足够养活更大规模的人群。有了充足的食物，25 到 30 个人可以聚在一起共度这个季节。

同时，人们不断地了解他们的环境。他们发现，这种厚叶的、类似仙人掌的龙舌兰属植物，只要先放在火上烤烤就能吃。他们还找到了一种把橡子做成有营养的食物的方法：把它们磨成粉末，然后把粉末泡在水里再晾干。在这一过程中，人们可能会注意到，某一年被他们扔进垃圾堆的种子会在来年发芽，长成新的植物。在某个时候，他们开始有意地播下种子，这样他们就可以在下一个生长季节里采摘粮食。他们正进行农业活动。

这种情况出现在墨西哥南部的许多地方。人们开始种植至今仍在中美洲各地年复一年被人们收获的粮食作物——南瓜、葫芦和辣椒。然后玉米就冒出来了。

## 玉米的谜团

一提到玉米，你就会想到黄色的玉米粒，但墨西哥玉米可能会让你大吃一惊。在墨西哥，玉米粒可能是红色、蓝色、黄色、橙色、黑色、粉色、紫色、乳白色，甚至是许多种颜色混合在一起的。在一个山谷里，人们种的玉米棒可能只有婴儿手掌大小，红色的小玉米粒还不及米粒大，这些玉米粒爆裂时就会变成许多细小的爆米花。在另一座山谷里，玉米植株上长出的玉米棒有 60 厘米长，籽粒又大又饱满，人们可以用它来煮汤喝。

就像小麦、大米、大麦和很多其他作物一样，玉米是一种谷物，但是它的外形和生长过程和其他谷物不同。其他谷物可以通过散播自己的谷粒来繁衍。而玉米的种子是玉米粒，它们包裹在坚韧的外皮里，不能被天然地散播出去。这就意味着玉米不能靠自己繁衍，必须由人种植。其他谷物在人们开始种植之前就在野生环境下生长，而

左边是一种叫作大刍草的野草，它的穗长不到 5 厘米。右边是一个玉米棒，是大刍草和一种现代南美洲玉米杂交而成的。它看起来很像最古老的玉米棒，而且它可能会提供人们如何创造玉米的线索

墨西哥艺术家迭戈·里维拉（Diego Rivera）的一幅壁画中的细节展示了阿兹特克妇女如何磨玉米，并用玉米粉做玉米圆饼

且现在在许多地方，它们依然在野生状态下生长。然而，至今还未曾发现过玉米的野生祖先，那么，玉米是从何而来的呢？

20 世纪 60 年代，一个考古队为了寻找早期农业的迹象，对墨西哥中部普埃布拉州的特瓦坎（Tehuacán）河谷做了详尽的调查。考古学家仔细搜索了 49 个洞穴，却什么也没有找到。当搜索到第 50 个洞穴时，他们找到了还不及小脚趾大的古代玉米棒。

总的来说，考古队在河谷里找到了 23 000 多根或完整或破碎的玉米棒。这些小玉米棒成了引发玉米起源争论风暴的导火索。一方认为，玉米一定起源于一种现在已经灭绝的原始野生植物。而且这种已经消失的植物在很久之前就和其他野草杂交，最后产生了玉米。

争论的另一方声称，玉米起源于一种叫作大刍草（或称墨西哥类蜀黍）的野山草，而它现在是人们已知与玉米亲缘关系最近的物种。然而大刍草看起来一点也不像玉米，而且实际上也不能当作一种食物来源。它那木质的种子坚硬而稀少。一整穗大刍草的营养价值还不及一粒玉米高。所以，植物学家也无法解释大刍草是怎么自然进化成玉米的。

但是，一些专家认为玉米产生于大刍草的一种变异体。当亲代植物或动物的基因序列在它们的后代中出现轻微的扰动时，基因突变在自然界中就自然地发生了。印第安人似乎注意到了，变异的大刍草似乎更有用一些。他们可能从大量的大刍草中进行挑选，寻找有实用价值的植株，然后让它们互相交配，创造出新一代的植株。专家认为，技术娴熟、意志坚定的植物育种家可以在短短十年内将合适的大刍草变异体转化为玉米。

也许大刍草也不是问题的答案。关于玉米起源的另一个观点是，印第安人偶然发现了一种杂交产生的谷类植物，这种谷类植物是由两种不同的野草杂交而产生的。印第安人意识到他们可以故意将两种植物杂交起来，方法就是用一种植物的花粉使另一种植物受精，这样，他们就可以创造出新的植物：玉米。

对于历史学家来说，玉米起源于大刍草还是其他草类并不重要。重要的是，玉米是印第安人在大胆的生物学操作中创造出来的。他们创造的玉米是耐受不良环境且营养丰富的新的食物来源，它改变了中美洲及其他地区的农业和社会。

## 神奇的栽培地

中美洲的印第安人不仅发明了玉米，他们还完善了种植玉米的方法。他们创造了栽培地（milpa），这是一种在中美洲沿用数千年的农业体系。

milpa 这个词的意思是“玉米地”，但是它的真实含义更为复杂，它是农民同时种植多种作物的一块农田。除了玉米，栽培地经常还含有几种豆类和南瓜、鳄梨、甘薯、西红柿、辣椒、甜瓜等等。

在自然界中，野生的豆子可以生长在大刍草的旁边。当这种情况发生时，豆子会受益，因为它们可以利用大刍草高大的茎向太阳攀爬。同时，大刍草也会受益，因为豆子的根须增加了土壤的养分。印第安人要么是自己发明的这种安排，要么在野外看到后采用了这种安排。他们把玉米和豆子一起种在栽培地里，并添加了更多的植物。

栽培地是人们均衡饮食的开始。只吃玉米是不利于人体健康的，因为玉米没有人体需要的两种氨基酸。豆类含有这些氨基酸，但是豆类缺少的另一种甲硫氨酸，玉米恰好就有。豆类和玉米一起就做成了一顿完整的饭。仅靠这两种食物，你就可以生活很长一段时间。但是，一段时间以后，你的身体就会缺少维生素和健康的脂肪（不饱和脂肪酸），而这些恰恰是栽培地里的其他作物（如南瓜和鳄梨）所能够提供的。

栽培地被称为人类最成功的发明之一，这不仅仅是因为它有营养价值，而且还因为栽培地可以让人们耕种土地时不耗尽地力。如今，在欧洲和亚洲，农民通常只在一块地里种植一种植物。这会耗尽土壤中的养分，因此农民不得不施加肥料，然而这又可能会引发新的问题。一方面，施加肥料很昂贵；另一方面，土壤中的肥料随雨水流失，最终会流入小溪、河流或海洋，导致藻类等微型植物过度生长，使生态系统失衡。

大多数作物会消耗土壤中的氮，氮又必须用肥料来补充。然而，栽培地里的豆

来自墨西哥韦拉克鲁斯州（Veracruz）的带轮子的美洲豹雕像

## 为什么没有轮子？

当欧洲人到达美洲时，印第安人没有轮式车辆。没有两轮马车、四轮马车、战车或独轮手推车。他们甚至没有像其他一些文化那样用来磨粮食或制作陶器的轮子。

然而，在墨西哥的几个地方，考古学家发现了带有轮子的玩具大小的小雕像，比如狗和美洲豹的雕像。如果中美洲人给他们的玩具或模型装过轮子，那他们为什么不制造更大的轮子并用在马车上呢？

也许他们没有牲畜来拉车。直到欧洲人将马和牛引进美洲，那里才有了驯化的牛马。而且即使有这些动物，在潮湿、森林茂密和多山的地区，人们也不能大量使用轮子，因为马车不能在这种地面上顺畅地行驶。

一个更好的理由是，即使在复杂社会，人们也并不总能发明出所有的复杂技术。一种文明不会因为缺乏某一种技术就变得落后。例如，在中国发明出更高效的犁之后，数百万欧洲人仍然用一种效率极低的犁耕作了几个世纪。因而，一种文明的成就可能是另一种文明的盲点。

在墨西哥山脉西部群山中，一名惠乔尔（Huichol）农民在收玉米

子会给土壤补充氮。此外，通过同时种植多种作物，农民在栽培地里模仿了自然生态系统中的多样性。从环境角度来看，同时种植不同种类的植物往往比只种植一种作物好得多。这样能保护土壤不会流失，还能滋养土壤中的有益细菌和其他微生物。栽培地是目前已知的唯一能使土地生产力一直持续4 000年以上的农业体系。通过研究传统的栽培地耕作模式，农业科学家可以学习到一些技术，以帮助现代工业化的农民保持土壤健康。

## 食物景观

在古代中东地区的人们开始种植小麦之前，他们从野生小麦中采集谷粒。谷类植物曾经在大片土地上自然生长。人们知道站在一望无际的麦田里是什么感觉。然而在中美洲，人们从来没有遇到过野

## 世界各地的玉米

15 世纪后，欧洲人把美洲原住民基因工程的产物——玉米传播到了世界其他地方。在以前从未种植过玉米的地方，玉米很快就成为重要的食物。

在欧洲的很多地方，人们把玉米当作主粮。不幸的是，他们不知道如何像中美洲人一样把玉米和豆类结合成一份营养丰富的食谱。在某些地区，欧洲人吃了太多玉米，结果患上了糙皮病。这种疾病是由于缺乏烟酸（维生素 $B_3$）引起的。玉米含有烟酸，但它被束缚在化合物中，只有经过碱处理，人体才能吸收它。当中美洲人做玉米粉圆饼时，他们将玉米浸泡在石灰中，这使得玉米中的烟酸可以被人体利用。然而，欧洲人却不知道如何制作玉米粉圆饼。

在非洲，玉米成为复杂关系网的一部分。欧洲人把美洲的玉米引入非洲，到了 16 世纪末，非洲人开始种植玉米和其他美洲作物，包括花生和木薯。这些新作物促进了非洲的粮食生产，导致人口激增，恰好当时欧洲人把数百万非洲人带到美洲的矿山和种植园去给他们当奴隶。就这样，作为中美洲文明基础的玉米可能助长了可怕的奴隶贸易。

生谷物田。当中美洲人“发明”玉米的时候，他们也“发明”了谷物田。这种食物景观在美洲是全新的。这可能就是玉米在很多美洲原住民的宗教中扮演着如此重要的角色的原因。印第安人认为玉米并不是理所应当的。

慢慢地，玉米和栽培地传播到了它的诞生地（也就是中美洲）以外的地方。玉米一直往南传到了南美洲的秘鲁和智利。这些安第斯山脉的人们已经发明了以土豆为基础的农业，但他们还是认为玉米可以作为一种奢侈品。（不过，在亚马孙河流域，玉米似乎并没有流行起来。大多数研究人员认为，又名树薯的木薯已经是那里的主要食物了。）

玉米也向北传播。当 17 世纪清教徒来到新英格兰时，海岸旁满是混种着玉米、豆类和南瓜的田地。在一些地方，田野从海边延伸到好几千米外的内陆。

不过，玉米首先占领的是中美洲。考古学家发现，有迹象表明早在公元前 2000 年至公元前 1500 年，墨西哥南部的人们就开始为栽培地清理出大片土地。当时，玉米是中美洲创造力大爆发的产物之一。

伟大的文明即将在中美洲崛起。玉米能养活不断增长的人口，这些人建造了新的大型城市中心。玉米也能养育工人、士兵和牧师。在他们的纪念碑和艺术作品中，这些文明下的人民会纪念玉米。石雕会向我们展示诸神头颅上的玉米穗和国王的玉米穗头饰。玛雅文明甚至会说人类是从玉米创造出来的。

公元 500 年，玛雅玉米神的雕像

在墨西哥特雷斯萨波特斯（Tres Zapotes）
发现的奥尔梅克巨石头像雕塑

# 第三章

# 从奥尔梅克到玛雅

19 世纪中叶的一天，在墨西哥南部，一名男子在穿过他村庄附近的森林时，被地面上的什么东西绊倒了。那是一个巨石头像的顶端，头像眉毛以下都陷在泥里。80 年后，这个头像成了一个被遗忘的文明的最早的线索。

## 巨石头像

那个村民的发现听起来很重要，但是这个石头头像又大又重，没有人能把它拔出地面。1938 年，一位名叫马修·W. 斯特林的美国考古学家想亲自看看这个埋在地下的巨石头像，于是前往这尊头像的发现地，墨西哥的韦拉克鲁斯州。

韦拉克鲁斯州位于墨西哥南部的墨西哥湾沿岸一侧。为了到达头像所在地，斯特林不得不骑 8 个小时的马，穿过潮湿多虫的森林，来到特雷斯萨波特斯这个小村庄。当他终于找到那个头像的时候，他兴奋地看到头像被大约 50 座人工堆出来的大土堆包围着。斯特林认为，这些土堆就像头像一样，肯定是玛雅人堆出来的，而人们普遍认为玛雅人创造了中美洲的第一个文明，它大约在公元 800 年时达到了鼎盛。让斯特林更加兴奋的是，特雷斯萨波特斯位于西方，距离已知最近的玛雅城市尚有 240 千米。也许玛雅王国比所有人想象的都要大。他决定明年再来更加仔细地探索这个遗址。

当斯特林再次回到特雷斯萨波特斯时，他和他的考察队挖出了巨石头像旁边的泥土。最后，他们看到了头像的脸，脸部表情严肃，眼窝深陷，鼻子扁平，嘴唇宽厚，头上好像戴着一顶紧贴头皮的头盔。这个雕塑外观自然、栩栩如生，和大多数古代中美洲那些外观僵硬、装饰华丽的雕塑迥然有异。

斯特林和他的队员还发现了一根石柱，上面雕刻着错综复杂的图案。接着，他们又在地上发现了两根柱子。不过，让斯特林失望的是，其中一根柱子上什么也没有，另一根柱子也风化得很厉害，上面的雕刻都看不出来了。斯特林让他队里的村民把柱子抬起来，这样他就能看到柱子的背面了。当这些村民擦掉石柱背面的泥土时，一个人用西班牙语喊道：“队长！这里有数字！”

这些村民发现石柱背面雕刻着一簇簇玛雅人用来记录数字的横线和小点。石柱上面的数字构成了日期，其中一个日期换算过来是公元前 32 年 9 月 3 日。这就意味着石头上雕刻的东西已经有 1 900 多年的历史了。突然间，斯特林就面临着这样一个现实：特雷斯萨波特斯不仅位于玛雅领地之外，它还比人们认为的其他所有玛雅遗址还要古老几百年。

斯特林认为存在两种可能。一种可能是玛雅人的起源比所有人的想象都要早，而且起源地也比所有人认为的更靠西边。随后，他们把整个玛雅文明向东迁移了。但这似乎不太可能。另一种可能是特雷斯萨波特斯不是玛雅文明的居民点，这似乎也不可能。人人都知道玛雅是中美洲最古老的先进社会，还有其他人能

墨西哥韦拉克鲁斯州，位于拉古纳 - 德洛斯 - 塞罗斯（Laguna de los Cerros，意为山中湖泊）的奥尔梅克文化遗址

雕刻出巨石头像和那些石柱吗？

## 拉·文塔

当地人告诉斯特林韦拉克鲁斯还有很多其他的土丘遗址。1940年，斯特林又回来了，他决定把这些土丘都调查一遍。即使对于像斯特林这样的探险家来说，这项任务也很有挑战性。他不得不长途跋涉，深入没有道路的红树林沼泽地，沿着杂草丛生、地图上都找不到的狭窄河流前进。蚊子持续不断地折磨他，但蜱虫的骚扰更厉害。斯特林必须用刀尖把很多虫子从肉里挖出来。

拉·文塔（La Venta）是斯特林勘察的一个遗址。尽管它位于沿海沼泽中心，但拉·文塔耸立在一座人工岛上，因而那里很干燥。在那里，斯特林的研究小组又发现了四尊更加巨大的头像，每个头像至少有1.8米高，头围至少有4.5米，重约10吨，由整块火山岩雕刻而成。斯特林无法判断这些巨大的石头是如何从遥远的山上运来的。

拉·文塔到处都是土丘，这表明许多人曾经住在那里。斯特林断定他们不可能是玛雅人，因为他们的生活方式似乎与众所周知的玛雅文化截然不同。他断定拉·文塔人是在丛林中突然神秘出现的未知文化。他们是玛雅文明和随后出现在中美洲的所有其他文明的“母文化”。斯特林把这些神秘的人称为奥尔梅克人。

## 橡胶人

没有人知道奥尔梅克人如何自称，但绝对不是“奥尔梅克”。这个词来自纳瓦特尔语，这是居住在墨西哥遥远北方的墨西卡人的语言，意思类似于“橡胶之乡的人”。不过在某种程度上，这个名字很合适。因为20世纪90年代，科学家发现拉·文塔的奥尔梅克人知道如何用一种热带树木的汁液制造胶皮。他们甚至可能发明了橡胶。

自斯特林的发现以后，考古学家已经对奥尔梅克有了很多了解。他们现在知道，大概在公元前1800年，奥尔梅克文明形成于韦拉克鲁斯的沿海森林里，那里的农民在沿着河流的栽培地上耕作。在接下来的三个世纪里，奥尔梅克人在一处岩石平台上建造了他们第一个伟大的城市圣洛伦索（San Lorenzo），这些岩石是从80千米外的山上搬运

### 长相好看的奥尔梅克人

在古代中美洲，如果你是上层阶级的奥尔梅克人，或者是奥尔梅克贵族，那么要成为一个美丽的人并不容易。考古学家认为，这些人会把扁平的小块木头绑在新生儿的头上，以改变新生婴儿的头部形状。木头把幼儿柔软的骨骼往上推，形成了比正常人更高的头骨。富有的奥尔梅克人还在他们的牙齿上刻出深深的沟槽作为地位的象征，他们还在穿透鼻子的洞孔里戴上玉塞子。然而，所有这些行为的证据都来自奥尔梅克人的艺术品，因为从未有奥尔梅克人的骨骼被发掘出来。

## 中美洲，公元前 1000 年—公元 1000 年

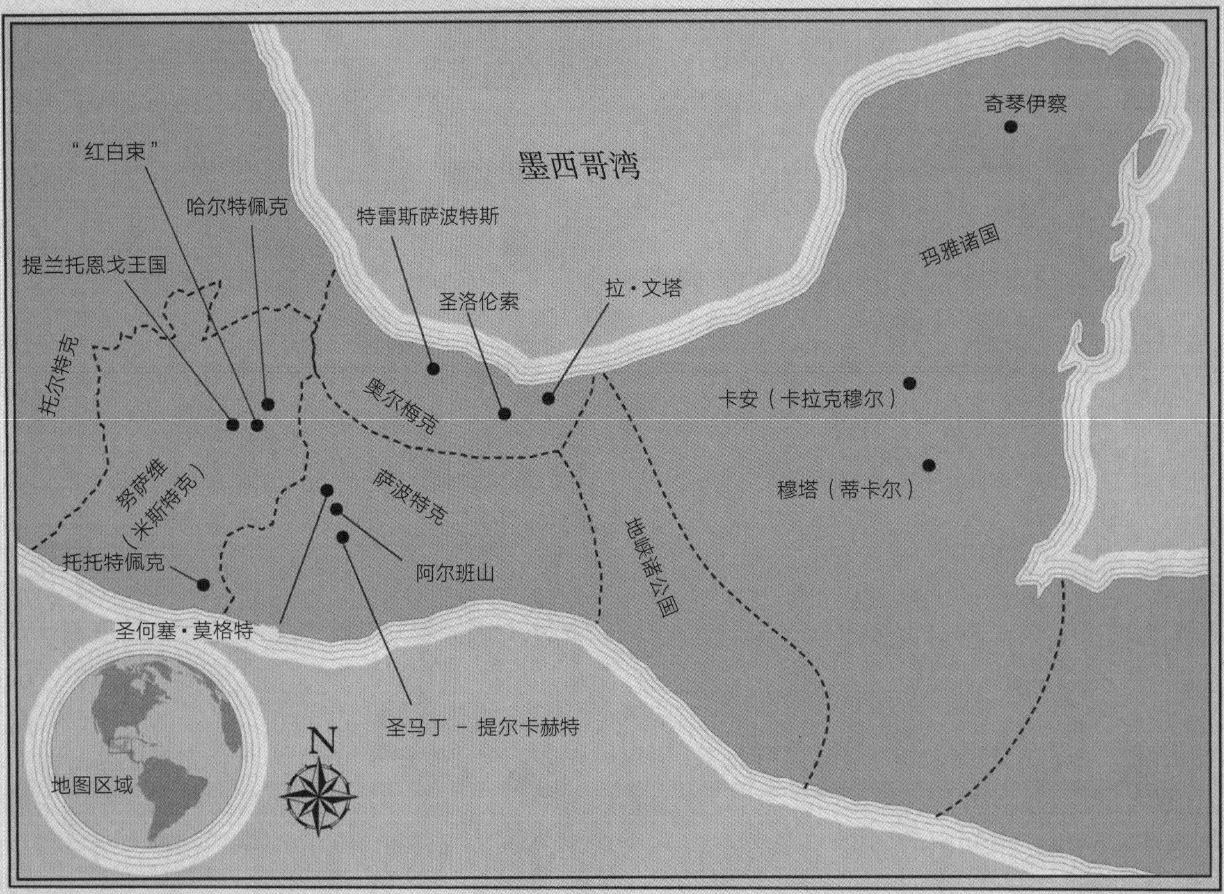


几千年来，中美洲一直是文化创新和发展的源泉。这张地图展示了两千年来生活在这里的一些最重要的文明

过来的。因为奥尔梅克人没有牲畜来搬运东西，所以从事沉重的搬运工作的一定是人——尽管考古学家还不确定他们究竟如何将这些巨大的石头搬过沼泽地。圣洛伦索的高台上散落着为在世的国王准备的巨大的石质王座。当国王去世时，他的王座可能就变成了放置他巨型头像雕塑的地方。

圣洛伦索大约在公元前 900 年被摧毁。也许这座城市被敌人入侵了，也许奥尔梅克人推翻了他们自己的领导人或出于宗教原因摧毁了他们的城市。不过，在那个时候，他们正在大约 65 千米远的地方建造一个比圣洛伦索大得多的城市。这个城市就是拉·文塔，因城市中心有一座 30 米高的巨型土丘，它看起来宛若一个巨型的大蒜头。

研究人员不知道奥尔梅克人为什么建造土丘，也不知道土丘对他们意味着什么。但他们知道拉·文塔延续了 800 年。在城市规模以及实力达到巅峰时，奥尔梅克的文化元素在整个中美洲广泛传播。

在墨西哥尤卡坦半岛（Yucatán Peninsula）发现的玛雅历法柱子

## 是母亲，还是姐妹？

斯特林是对的吗？奥尔梅克是为该地所有其他“女儿文化”充当榜样的“母文化”吗？一些专家是这么认为的。其他专家则有不同的观点。他们认为奥尔梅克和其他中美洲族群之间是“姐妹文化”。

在“姐妹”观点中，奥尔梅克文化先诞生，但随后迅速出现的文化并不完全是遵循奥尔梅克的模式。相反，所有这些文化互相影响。当他们通过贸易和战争进行互动时，他们相互借鉴了思想、信仰和处世的方法。中美洲是一个文化大杂烩。奥尔梅克可能赋予这锅杂烩汤一些味道，但汤里的其他成分也添加了属于他们自己的独特口味。

在公元前 750 年一座位于圣何塞·莫格特的神庙的石头门槛上雕刻有这个被开膛破肚的人。他两脚之间的两个符号可能是美洲已知最早的文字

萨波特克人（Zapotec）是其中的一种“成分”，他们生活在瓦哈卡州中部的河谷里，与奥尔梅克隔山相望。他们的山谷划分为三个主要的酋邦。考古学家称最大的一个为圣何塞·莫格特（San José Mogote），它得名于现今山谷遗址附近的一个村庄。考古学家认为，大约在公元前 750 年，这个萨波特克人的居民点遭到袭击，它的神庙被烧毁，熊熊大火把黏土墙都熔化了。

圣何塞·莫格特的人们很快就建了一座新神庙。他们把一具流血尸体的雕塑正好横在门槛上，这具尸体可能是一个被击败的敌人，这样当人们进入寺庙时就可以把他踩在脚底。尸体的两脚之间刻着两个记号。这两个记号是一种字符（glyph），是中美洲的书写符号。如果这座神庙建于公元前 750 年左右，而且这些文字也是那时雕刻的，那么，它们就是美洲可确定年代的文字中最古老的两个。

## 计数和文字

文字最开始出现是为了计数。在中美洲，最早的计数方式是记录日期。奥尔梅克人、萨波特克人和玛雅人观察天空都很敏锐。他们知道月球、行星和恒星的运行轨迹，而且他们用历法来记录和预测这些运行轨迹。

令人惊讶的是，中美洲人使用了三套不同的历法。一种是 365 天的年历，就像我们今天使用的日历。另一种是 260 天的神圣历法，这种历法可能基于金星的轨道，不过科学家对此并不确定。第三种历法被称为长历法，这套历法记录了从公元前 3114 年的一个起始日开始的每一天。

像中美洲人那样同时使用三套历法，需要数学方面的知识，也需要用零的概念来填补计算中的某些位置。今天我们使用的从 0 到 9 的数字序列是印度人和阿拉伯人发明的。但是，中美洲人最先发明了零。因为使用零的长历法在公元前 32 年时就肯定已经出现了，这个日期雕刻在特雷斯萨波特斯的石板上。

中美洲人从多早开始就有历法了呢？也许在圣何塞·莫格特遗址发现的雕刻的门槛给出了暗示。尸体雕像两脚之间的雕文可能代表他的名字。一些专家认为这些雕文写的是 1- 地震（I-Earthquake）。如果那真的是死者的名字，那他是第一个我们能知晓姓名的美洲人。1- 地震在中美洲历法中也是一个日期，这是有道理的，因为人们的名字通常是以他们的出生日期来命名的。因此，中美洲的历法似乎早在公元前 750 年就已经被应用了，至少有了早期形式。

## 百年战争

萨波特克文明延续了数百年。米斯特克文明（Mixtec）也是如此，它是位于萨波特克和奥尔梅克西方的一些小而坚忍的国度。另一个被称为托尔特克人（Toltec）的族群在其北方——墨西哥中部建立了一个帝国。最后，南方兴起了一度被认为是美洲最古老文明的文化：玛雅文化。

我们现在知道玛雅文化大约在公元 200 年到 900 年之间达到了巅峰。但是随后，玛雅文明的中心地带突然崩溃了，这是考古学的一大谜团。多年来，现代学者一直试图弄清玛雅人身上到底发生了什么。今天，情况越来越明朗了。

玛雅的中心地带是墨西哥最南端的地区，位于那里的尤卡坦半岛一直伸入墨西哥湾。到公元 600 年左右，玛雅人可能已经把尤卡坦变成了世界上人口最稠密的地方，尽管那里大部分水的盐度都太高，无法饮用或灌溉。他们通过水利工程来解决这个问题。他们用碎石灰石建造了巨大的平台，填平了盐沼的凹坑，还挖水库储存雨水，铺上石灰内衬以防止雨水被地下的咸水污染。玛雅的中心地带实际上是凸出地面的一个人造“岛屿”网络。

尽管这些岛屿有着共同的文化，但玛雅并没有统一成一个帝国。玛雅有许多城邦，每个城邦都有自己的统治者。一些较大的城邦主宰着较小的城邦。这些强大城邦之间的冲突可能会动摇玛雅社会几个世纪，而这种斗争也导致了玛雅文明的衰落。

公元 561 年之前的某个时候，一位以天证（Sky Witness）为名的统治者登上了卡安城邦 [Kaan，现在被称为卡拉克穆尔（Calakmul）] 的王座。天证大王打算消灭更大的城邦穆塔 [Mutal，现在被称为蒂卡尔（Tikal）]。他有个精妙的计划。他想先控制穆塔周边所有的小城邦，迫使穆塔投降。然而，事情进行得并不顺利。穆塔发起了反击。

在接连几任统治者治下，这场战争持续了一百多年。整个地区都被卷入这场纷争，六座邻近的城市最终都变成了废墟。最后，公元 695 年，穆塔在一场血战中打败了卡安的军队。卡安再也没能从战争的巨大损失、人员伤亡和贸易中断中恢复过来，但胜利者同样也没有恢复过来。又过了一个世纪，穆塔也覆灭了。

公元 800 年到 830 年间，整个玛雅中心地带的城市都灭亡了。一批不请自来的居民迁到了这片巨大的中央广场（即玛雅城市之间的沼泽和丛林）。他们开始在这片丛林上开垦梯田、挖掘水塘、建造土丘。虽然数百万的玛雅人存活了下来，但是曾经维持大规模城市中心的王国政府已经不复存在了。

同样大约在这个时候，尤卡坦半岛突发了严重的旱灾。考古学家一度怀疑这场旱灾彻底摧毁了那些玛雅城市。然而，在干旱程度甚至超过尤卡坦半岛中心地带的北方地区，那里的玛雅城市——包括位于奇琴伊察（Chichén Itzá）的大型城市，都在这场旱灾中幸存了下来。事实上，它们更繁荣了。这是为什么呢？

可能是由于经济力量从国王变成了新兴的商人阶级，奇琴伊察才幸存了下来。国王把所有的贸易都导向能够宣扬他荣耀的东西上，比如皇室的珠宝。然而，商人用在尤卡坦收获的盐、巧克力和棉花来换取人们需要的中美洲其他地区生产的商品，如玉米。奇琴伊察在旱灾期间用贸易维持了下来。

玛雅人创造了可以容纳高密度人口居住的大型城市中心的人造景观，但这种设施必须一直加以维护。南方的国王都沉浸在荣耀的幻想中，未能确保土地一直富有生产力、水库丰盈。如果玛雅中心地带的城市没有被长期的战争推到极限，它们会在旱灾中幸存下来吗？这是考古学家可能永远无法回答的一个问题。

## 一个米斯特克悲剧爱情故事

米斯特克人把他们的历史记录在文档上，称为抄本，这些抄本都绘在鹿皮或树皮上。他们大部分的抄本后来都被西班牙人毁掉了，但有八本幸存了下来。其中四本讲述了 8- 鹿·美洲豹爪（8-Deer Jaguar Claw）的悲惨故事，这个人既是祭司也是政客。

8- 鹿，是一个名为提兰托恩戈（Tilanton-go）的米斯特克王国王室的亲戚，为了平息和另一个国家的战争，被送到了一个神圣的山洞里，在那里，他遇见了亡灵女祭司，一个既聪明又有权势的女人，她刮掉了下巴上的肉，使自己拥有了像骷髅一样可怕的外表。女祭司下令将 8- 鹿流放到一个遥远的城镇。但 8- 鹿不愿意过悠闲的流亡生活，于是他集结了一支军队，开始征服村庄和城邦，建立了一个帝国。

随后，8- 鹿遇见了他最大敌国国王的年轻妻子 6- 猴（6-Monkey），而且还爱上了她。然而，当两个王国开战时，8- 鹿的军队杀死了 6- 猴和她的丈夫。出于对 6- 猴的爱，8- 鹿饶了她儿子的命——她的儿子后来招募了自己的军队，打败了 8- 鹿，将他开膛剖腹，还娶了他的女儿。

墨西哥奇琴伊察金字塔

# 第四章

# 在四分之国

几个世纪以来，当中美洲的社会经历着兴衰起落的时候，远至南方安第斯山脉结冰的山峰周围同样也经历着兴衰起落。而且每一阶段的安第斯文明都比之前的更大更宏伟。其中最大最宏伟的就是印加帝国（Inca empire），它是一位震动了世界的勇敢王子建立的。

## 遍布高峰和山谷的世界

安第斯山脉的一侧是南美洲西部的沿海低地，另一侧是大片森林覆盖的庞大内陆，它们中间是狭长的安第斯高地，这是世界上唯一一个能让人们在海拔 3 000 米以上创造出一系列先进而长寿的文明的地方。

在很多地方，安第斯山脉分裂成两条相互毗邻的山脊。山脊之间有一块高而多风的平地，称为阿尔蒂普拉诺高原（altiplano）。这些山脊本身也被许多深而陡峭的山谷切分开来。生活在这个满是山谷、高峰和高原的世界的人们成了山上山下贸易网络的大师。每一层高度的人都做出了自己的贡献。

海岸提供了鱼、棉花和一些玉米。在高原上，牧人饲养了成群的美洲驼（llama）和羊驼（alpaca），这些食草动物是肉和毛的来源。高原也生产了秘鲁的许多块根类作物。其中一种作物是土豆，人们将其冷冻干燥，然后加工出一种冻干土豆（chuño）。它可以磨成粉，而且与常规土豆不同的是，它可以保存许多年。在海岸和高原之间，农民在石头围砌起来的梯田里种植豆类、南瓜和其他作物，这些梯田凹进山坡里面，就像无数个又小又平坦的台阶，它们的地势逐级上升。

秘鲁的地貌十分多样，以至于在有些地方，人们几乎可以种植所有作物。所以，与只靠在一种地方收获的作物生活不同，安第斯人通过汇集许多不同生态系统的产物，享受到了更好的生活。他们还分散了自然灾害带来的风险。干旱、洪水或地震能摧毁一个地区的农作物，但人们仍然可以从他们贸易网的其他地区获得食物。几个世纪以来，这个经济体系支撑了许多族群和王国。

## 惊世之人

大约公元1200年，一小群人从高地的某个地方迁移到秘鲁南部山区一个叫作库斯科（Qosqo）的村庄，那里已经有其他族群居住。那些新来的人，被称为印加人，他们起初没什么特别之处，但他们慢慢变得强大起来。接着，1438年，一群昌卡人（Chanka）袭击了印加，这场战争最终引发了一场家族争斗，一个帝国就此诞生。

当昌卡人发动袭击时，印加的领袖是维拉科查·印加（Wiraqocha Inka）。据说他是一位勇敢的战士，曾发誓要征服半个世界，

印加国王瓦斯卡尔·印加

印加皇帝的夏季庄园马丘比丘遗址（位于秘鲁）附近，一只美洲驼正在吃草

# 印加帝国的扩张，1438—1527

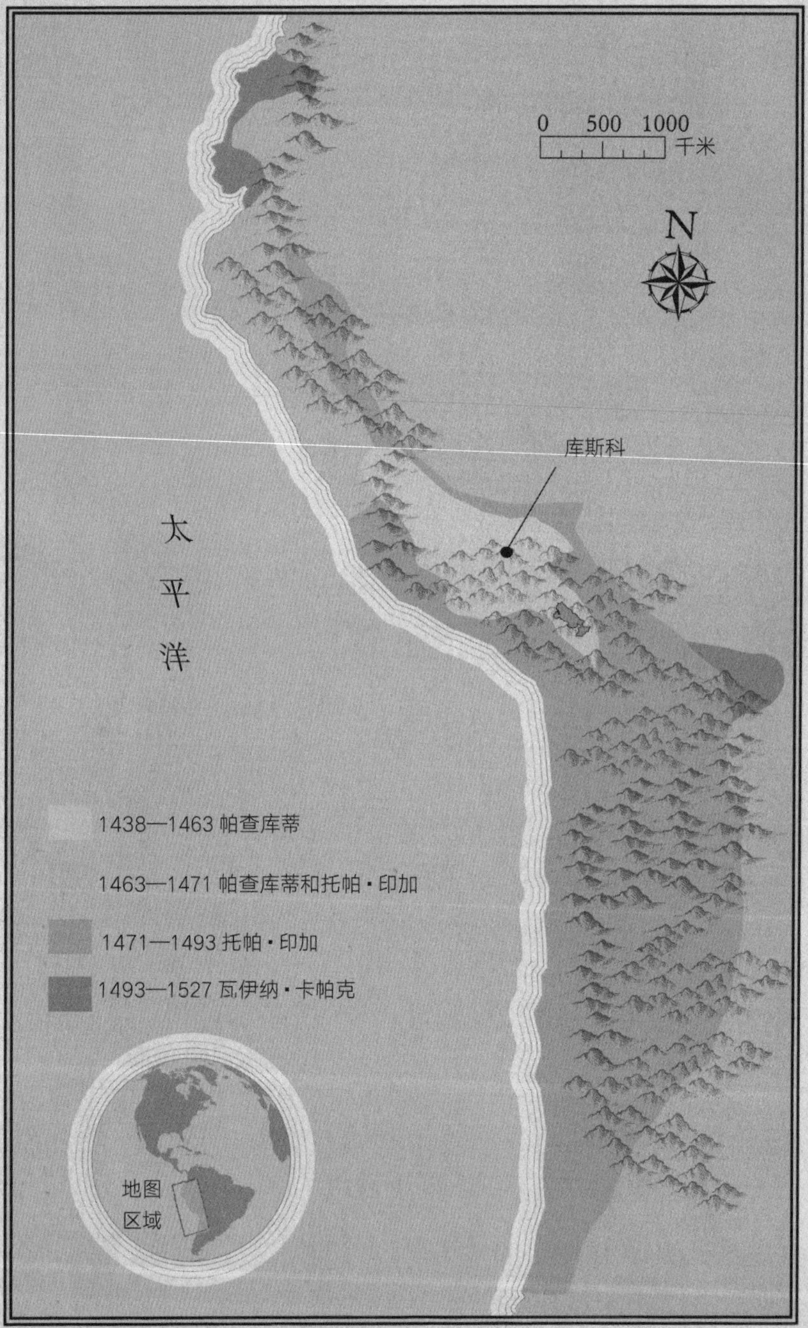


塔万廷苏尤（Tawantinsuyu）

但当进攻来临时，他却带着四个儿子中的三个一起逃走了。而他的第四个儿子，印加·尤潘基（Inka Yupanki），留了下来和昌卡人战斗，并赢得了这场战役，俘虏了昌卡人的领袖。他邀请他的父亲在俘虏身上擦脚——这是胜利的标志。

维拉科查拒绝了。他说，擦脚的荣誉应该属于尤潘基的哥哥印加·乌尔科（Inka Urqon），后者是维拉科查的继承人。这激怒了尤潘基。尤潘基说他哥哥没有捕获昌卡人的战士，所以不可以践踏俘虏。维拉科查和尤潘基之间的争论失去了控制，维拉科查决定杀掉他难以相处的小儿子。然而，维拉科查的计划失败了，他带着耻辱离开了印加的领土。

于是尤潘基从此掌管了印加。他取了一个新名字，叫帕查库蒂（Pachakuti），在印加语中的意思是"惊世之人"。然后，他开始征服视线范围内的一切。在25年里，帕查库蒂带领印加帝国稳步扩张。随后，这个惊世之人把征服的工作交给了他的儿子托帕·印加（Thupa Inka），而他则把注意力转向了重建库斯科。帕查库蒂希望这个过去的村庄可以成为一个辉煌帝国的首都。

## 宇宙的黄金中心

新库斯科的中心是一个巨大的开放型广场，叫作阿玛斯广场（Awkaypata）。上面铺满了从太平洋海边运来的白沙。每天都有一大群市政工人在这儿耙沙。广场周围矗立着神庙和贵族的住宅。这些建筑是用巨大的石块砌成的，上面覆盖着抛光的金箔。当太阳照射到金色的墙壁和阿玛斯广场的白沙地面时，广场上便会闪闪发亮。

对印加人来说，阿玛斯广场不仅仅是他们日益壮大的帝国的中心，它更是整个宇宙的中心。四条公路从广场延伸出去，它们将印加帝国分成了四个部分，而帕查库蒂将印加帝国称为塔万廷苏尤，意为"四分之地"。

帕查库蒂还设计了帝国的社会和经济体系。几个世纪以来，高地上的村民都要结成队伍，把他们的一部分时间花在公共工程上，比如修理灌溉沟渠。而帕查库蒂将徭役转变成帝国经济的支柱。他宣布所有的土地和财产都属于国王。每个人都必须时常为国家工作，不管工作内容是采矿、务农、放牧、筑路，还是在国营工厂里制造锅盆。有时人们因为外出服役而连续数月不在家。在这段时间里，国家用其他服役者所供应的物品给他们提供食宿和衣服。

对于每一份需要做的工作而言，国家不断地安排人进来，同时不断有人离开。它还在整个帝国范围内进行人口迁移。当塔万廷苏尤占领一个新的地区时，印加人将许多来自帝国其他地区的人迁移到这片新的领地。这些新来的人和原住民被迫使用克丘亚语（Runa Simi）进行交流，而不能用他们各自的母语。这样做的目的是用一种单一的、全帝国的文化——塔万廷苏尤文化取代当地的文化和习俗。

## 为流苏穗而战

1471年，帕查库蒂平静地去世了。他的儿子托帕·印加戴上了"王冠"，这是一条额前带有红色流苏穗的彩色编织布，印加统治者把它当作戴在头上的饰带。

此时，人们认为国王是神圣的。而且还认为印

### 神圣的唾沫

印加人认为他们的国王是神圣的，与世界上的其他人都要分隔开。国王碰过的每件东西都要收集储存起来，这样普通人就不能触碰它了。甚至国王的唾液也不能触及地面。如果他不得不吐唾沫，他就会把唾沫吐在侍臣的手上。侍臣用特制的布抹去唾液，并将其储藏起来。国王碰过的所有东西都会在一场每年一度的仪式上烧掉。

加皇室的血统很特别，唯一配得上生下继承人的配偶就是另一位印加王室成员。这就是托帕·印加开创了统治者与其姐妹结婚的惯例的原因。（不过他还有很多其他妻子。）

在托帕·印加去世的 1493 年，他统治着世界上最大的帝国。此外，他所有的妻妾一共给他生了 60 多个儿子。他的去世引发了两个王子之间的争位大战。最后的胜利者是瓦伊纳·卡帕克（Wayna Qhapaq），他登基称王时，还不到 20 岁。后来，为了避免将来再次爆发家庭冲突，他杀掉了自己的两个兄弟，还娶了一个亲姐妹。

大约 1520 年左右，瓦伊纳·卡帕克率军北上，去为帝国征服厄瓜多尔。生活在这片潮湿热带森林里的人们和印加人不同，并不属于安第斯文化，他们也没有兴趣加入其中。他们进行了顽强的抵抗，但是经过长期的斗争，印加人还是赢了。瓦伊纳·卡帕克留在了厄瓜多尔，他喜欢这里温暖的气候和用吸血蝙蝠毛皮制成的柔软衣服。当他 1527 年去世时，他的两个儿子瓦斯卡尔（Washkar）和阿塔瓦尔帕（Atawallpa）都想要那条流苏穗的王冠。瓦斯卡尔娶了他的一个姐妹来加强自己的王位争夺砝码，但内战仍然不可避免。

瓦斯卡尔和阿塔瓦尔帕之间的激烈战争持续了三年，而且战争蔓延到整个安第斯山脉。有一次，瓦斯卡尔的军队俘虏了阿塔瓦尔帕，但阿塔瓦尔帕的一个妻子帮助他逃走了。随后，阿塔瓦尔帕粉碎了瓦斯卡尔的军队，并把瓦斯卡尔一方主将的头颅做成了一个杯子。

1532 年夏天，阿塔瓦尔帕的将领在一次伏击中俘虏了瓦斯卡尔。当他们处死瓦斯卡尔的妻子和孩子时，阿塔瓦尔帕正走在庞大的胜利队伍前面，缓慢地向库斯科前进。

## 骑在动物身上的苍白多毛的人

到了秋天，阿塔瓦尔帕的胜利队伍停在了卡哈马卡（Cajamarca）小镇外面。在那里，阿塔瓦尔帕听到了一个奇怪的消息：一些骑在巨大动物上的苍白多毛的人已经在海岸登陆。

阿塔瓦尔帕决定在卡哈马卡等候这些陌生人。这些陌生人是西班牙征服者弗朗西斯科·皮萨罗（Francisco Pizarro）带领的 168 名西班牙人。他们到达卡哈马卡后，说服阿塔瓦尔帕去镇上的中心广场会见他们。阿塔瓦尔帕带着五六千名士兵去了

征服者弗朗西斯科·皮萨罗俘虏了
印加国王阿塔瓦尔帕

印加国王阿塔瓦尔帕

广场。

态度友好的印加士兵只携带着仪式用的武器就来了。然而，根据当时在场的征服者的弟弟佩德罗·皮萨罗（Pedro Pizarro）所说，他们人数很多，把那些等待的西班牙人都吓得尿了裤子。然而，弗朗西斯科·皮萨罗巧妙地将西班牙人的火炮和马匹藏在了广场周围的建筑物里。一位西班牙牧师递给阿塔瓦尔帕一本在旅行中变得脏污不堪的祈祷书。阿塔瓦尔帕把书扔在一边，因为这本书对他来说毫无意义。然而，印加人侮辱了基督教的书籍，这成了西班牙人攻击他们的借口。

枪炮声轰鸣，马从建筑物里冲了出来。浓烟、大火，还有印加人未曾见过的巨大猛兽，使阿塔瓦尔帕的军队陷入了一片混乱和恐慌。数百人在试图逃离广场时被踩踏致死。西班牙人抓住了这一机会，并杀死了剩下的大部分人。据说，皮萨罗本人俘虏了阿塔瓦尔帕。

## 被违背的诺言

阿塔瓦尔帕被囚禁了，但他依然掌控印加帝国。看到西班牙人痴迷于贵金属，阿塔瓦尔帕承诺用一屋子黄金和两屋子白银来换取他的自由。皮萨罗同意了。

阿塔瓦尔帕命令他的将军去搜刮库斯科的金银。他还告诉他们要杀死瓦斯卡尔，这样一来，只要阿塔瓦尔帕一支付赎金，就可以在自由以后当上国王。

几个月里，从库斯科到卡哈马卡的路上挤满了美洲驼拉的大篷车，上面装运着珍贵的珠宝、雕塑和从建筑物上撕下来的装饰品。慢慢地，房间里堆满了金银。到 1533 年 5 月，那些房间全都堆满了。阿塔瓦尔帕履行了他的诺言。皮萨罗把所有的艺术品都熔成金条和银条，用船运回了西班牙。之后，皮萨罗并没有像他承诺的那样释放阿塔瓦尔帕，而是把他勒死了。

征服者向库斯科进军，夺取了印加的首都。但他们并没有取得彻底的胜利，印加人还在帝国边远地区与西班牙人继续战斗了 40 年。尽管，仅在那一次战斗中，一小队欧洲士兵就战胜了一支人数超过他们 50 倍的军队，并且使一个强大的美洲帝国屈服了。后来，西班牙征服者甚至根据对幸存下来的印加贵族的采访，写下了印加帝国的历史。

为什么印加人输了？长期以来，历史学家说这是因为西班牙人有两大军事优势。他们有钢铁和马匹，而美洲对这两者一无所知。钢铁让西班牙人装备上盔甲、剑、火枪和大炮。马匹让西班牙人比徒步行走的印加人行动得更快。（美洲驼是安第斯山区最大的土著动物，但它的体型还是太小，不能骑乘。）的确，西班牙骑兵的速度之快和体型之庞大震惊了印加人，他们从来没有见过这样的事物。

然而，最近对印加文化的研究使一些历史学家认为，印加人并不一定会在战斗中被西班牙人打败。印加人有效率很高、威力强大的武器：用布制的投石索投掷大石块，有时还会在石头上点火。一旦马匹失去了它们的冲击力，步兵就可以与它们好好打一场了，这种事在历史上已经发生过很多次。西班牙人在秘鲁的战斗记录显示，印加人克服了他们的恐惧，在战斗和伏击中杀死了许多西班牙士兵和马匹。

所以，也许西班牙人并不仅仅是因为他们有钢铁和马匹才赢的。可是如果这是真的，那么是什么打败了印加人？也许那些来到秘鲁的欧洲人还有一些其他的优势，一些虽然他们不知道，却对他们的胜利起决定作用的有利因素。

西班牙征服者很难理解印加社会，以至于当他们以印加首都库斯科入画时，他们把它描绘得看起来像一个欧洲城市，街道呈网格状。事实上，它可能被建造成了美洲豹的轮廓，这只豹子的头上有一座巨大的萨克萨瓦曼（Saqsaywaman）古堡

## 太多木乃伊了？

印加社会有严重的木乃伊问题。就像其他安第斯文化一样，印加人把他们死去的统治者做成了木乃伊。此外，因为他们相信国王是永生不朽的，他们就按照对待在世国王的礼节来对待统治者的木乃伊。皮萨罗的一个同伴在库斯科见证了一个仪式，在仪式上，死去的国王被带出来“坐在王座上，周围站着手拿苍蝇拍的青年侍从和侍女”。

因为人们认为国王的木乃伊不是死人，所以每个木乃伊都保留着他的财产，包括他的宫殿和他征服的土地的收入。每个死去统治者的侍臣或后代都由女性灵媒代表，她们声称自己在代表不朽的国王说话。每个木乃伊化的国王或他在世的代表都在帝国的政治生活中争夺权力和地位。库斯科挤满了宫室，以至于当瓦伊纳·卡帕克上台时，他想在库斯科神圣的阿玛斯广场上建一个住所都找不到地方，因为他那些“不死”的祖先已经用光了所有的地产。

第二部分

# 2

# 欧洲为什么会成功？

同样的故事反复地出现在有关欧洲征服美洲的历史书中。一小群欧洲人一次又一次地击败了人数更多的美洲原住民。欧洲人为什么总能赢？

印第安人没有马匹、枪支或盔甲，而且实际上当他们第一次看到骑在马背上的人和爆炸的大炮时，他们通常受到了极大的惊吓。这些东西是胜利的关键吗？还是说欧洲人成功占领美洲，其实是因为一些他们和被他们征服的美洲原住民国度都无法控制的力量呢？

艺术家迭戈·里维拉的壁画中所描绘的特诺奇蒂特兰集市日当中的一个细节，其背景是大神庙

# 第五章

# 伟大的会面

1519 年 11 月 8 日是世界历史上的一个转折点。那天，几百名西班牙探险家骑马进入了一个城市，这个城市与他们曾经见过或听说过的任何地方都不同。它比欧洲任何一个城市都要大得多，也比欧洲任何一个城市都要富裕得多，以至于西班牙人对这耀眼的景象惊叹不已。

尽管西班牙人人数很少，而且这个城市还是一个强大的美洲帝国的首都，但不到两年，西班牙人就征服了这个城市。一支规模比对手小得多的军队占领了一个高度发达的、富有的、拥有一支强大军队的庞大帝国。

欧洲人在墨西哥取得了胜利。他们的武器和战术并不比美洲原住民优越，但的确有很大的不同。同样的事情也会发生在 13 年后的秘鲁，皮萨罗在那时征服了印加。为什么这种事能一再发生？

## 神秘之城

1519 年，西班牙人进入的那座城市是特诺奇蒂特兰（Tenochtitlán，今墨西哥城）。它坐落在墨西哥的中心，是一个温暖、富饶的盆地，周围群山环绕。在盆地中央，有一片长 80 千米的特斯科科湖（Lake Texcoco），湖水清澈干净，闪闪发光。特诺奇蒂特兰并不是第一个享受这一壮丽景色的大都市。早在一千年前，一座巨大的石城就屹立于湖的东北岸附近。

没有人知道建造第一座城市的人是怎么称呼它的。几百年后，人们给它起了特奥蒂瓦坎（Teotihuacán）这个名字，这就是今天我们所知道的名字。特奥蒂瓦坎最初只是该地众多村庄中的一个小村庄。大约 2 000 年前，它开始获得军力上的优势。4 个世纪以后，特奥蒂瓦坎统治了墨西哥中部的大部分地区。这个村庄已经发展成一座拥有 20 多万人口的都城，在那个时候，它可以算是一个巨大的城市中心。

这座城市是围绕着亡者大道建造的，这条宽阔的大道就像斧头的劈痕一样笔直地横穿这片土地。太阳金字塔和月亮金字塔耸立在大道的北边。太阳金字塔是世界上第三大金字塔，它坐落在一个很深的洞穴顶端。对这个城市的人们来说，这个洞穴可能是一处圣地，是人类最早出现在地球上的地方。沿着这条大道，大约 1.5 千米之外有一座巨大辽阔的羽蛇神庙（Temple of the Feathered Serpent），它是特奥蒂瓦坎统治者的居所。

特奥蒂瓦坎帝国很著名，也很强大，但我们对它知之甚少。我们甚至不清楚特奥蒂瓦坎帝国的人所说的语言。这座城市的居民留下了一些文字，但考古学家还没有破译出来。他们知道，特奥蒂瓦坎

特奥蒂瓦坎这座伟大的城市是围绕着一条 16 千米长的宽阔大道组织建造的，这条大道现在称为亡者大道。大路的北边朝向两座巨大的金字塔（远处左侧为太阳金字塔）

在公元 6 世纪时就衰落了，但它衰落的原因仍是个谜。它所剩下的只有首都的巨大废墟，而这座废墟距离现代墨西哥城有一个小时的车程。

## 仙人掌上的鹰

特奥蒂瓦坎帝国已经不复存在了，但它在墨西哥中部地区留下了永恒的印记。后来出现的社会都以特奥蒂瓦坎为榜样。他们喜欢认为自己继承了帝国的荣耀。

特奥蒂瓦坎的第一批继承人是托尔特克人。他们在特奥蒂瓦坎衰亡 500 年之后开始崛起，但他们的帝国并没有持续多久。托尔特克文明大约在 12 世纪中叶覆灭。它的衰落为墨西哥中部地区的新势力创造了一个机会。来自北部和西部沙漠的好几个族群迁移到了盆地地区。其中一个群落是墨西卡人。

墨西卡人既贫穷又弱小，不太可能继承帝国的荣耀。事实上，墨西卡人被更强大的敌人从湖岸边最好、最肥沃的土地上赶走了。几个世纪后，最后一位墨西卡统治者的孙子讲述了墨西卡人逃到湖西边一个无人居住的沼泽岛之后发生的事情。

他写到，墨西卡人在岛上游荡了好几天，寻找食物和住所，直到一个祭司在梦中看到了幻象。墨西卡的守护神威齐洛波契特里（Huitzilopochtli）出现了，他告诉人们在沼泽中寻找一种“梨果仙人掌”（*tenochtli*，音为特诺奇蒂特立）。神许诺，在那棵仙人掌上，他们会看到一只鹰在太阳下取暖。第二天早上，人们真的发现了一棵仙人掌，上面坐着一只鹰。他们在那个地方建立了自己的城市，并称之为特诺奇蒂特兰。

起初，这个新城邦并没有多大影响。在海岸边的一个更强大的城邦控制着墨西卡人，所以后者不得不派出人手为该城邦作战。不过，在特诺奇蒂特兰建立大约一个世纪以后，情况发生了好转，这要归功于两位墨西卡人的统治者伊兹科亚特尔（Itzcoatl）和他的侄子特拉卡埃雷尔（Tlacaelel）。伊兹科亚科尔是掌管战争和外交的特拉托阿尼（*tlatoani*，意为“发言人”）。特拉卡埃雷尔是掌管内政的奇瓦寇托（*cihuacoatl*，意为“蛇女”），但实际上两人中特拉卡埃雷尔的权势更大，他在幕后统治了特诺奇蒂特兰 50 多年。

1428 年，特拉卡埃雷尔想让特诺奇蒂特兰和其他两个弱小受压迫的城邦结盟，共同推翻他们的宗主国。这个计划奏效了。这三个获胜的城邦自称三国同盟，墨西卡人是三国同盟中最强大的一方。[三国同盟通常被称为阿兹特克帝国（Aztec empire），但阿兹特克一词经由 19 世纪的欧洲作家才广为人知。三国同盟的成员国从来没有用这个词自称过。]

特拉卡埃雷尔是一位有远见的爱国者，他相信墨西卡人有一天会统治一个庞大的帝国。为了做到这一点，墨西卡人需要两样东西：光荣的过去和神圣的使命。于是特拉卡埃雷尔开始着手创造这两样东西。

墨西卡人真正的过去是贫穷和耻辱的。为了掩盖这一尴尬的事实（不仅从其他国度，而且也从墨西卡人自己那里），特拉卡埃雷尔命令牧师烧掉他们的成文史。然后，他们又写了一部充满伟大事迹的新编历史。特拉卡埃雷尔还新提出了一个精心构思的宗教神话。这个神话让威齐洛波契特里成了太阳

# 1519 年，三国同盟

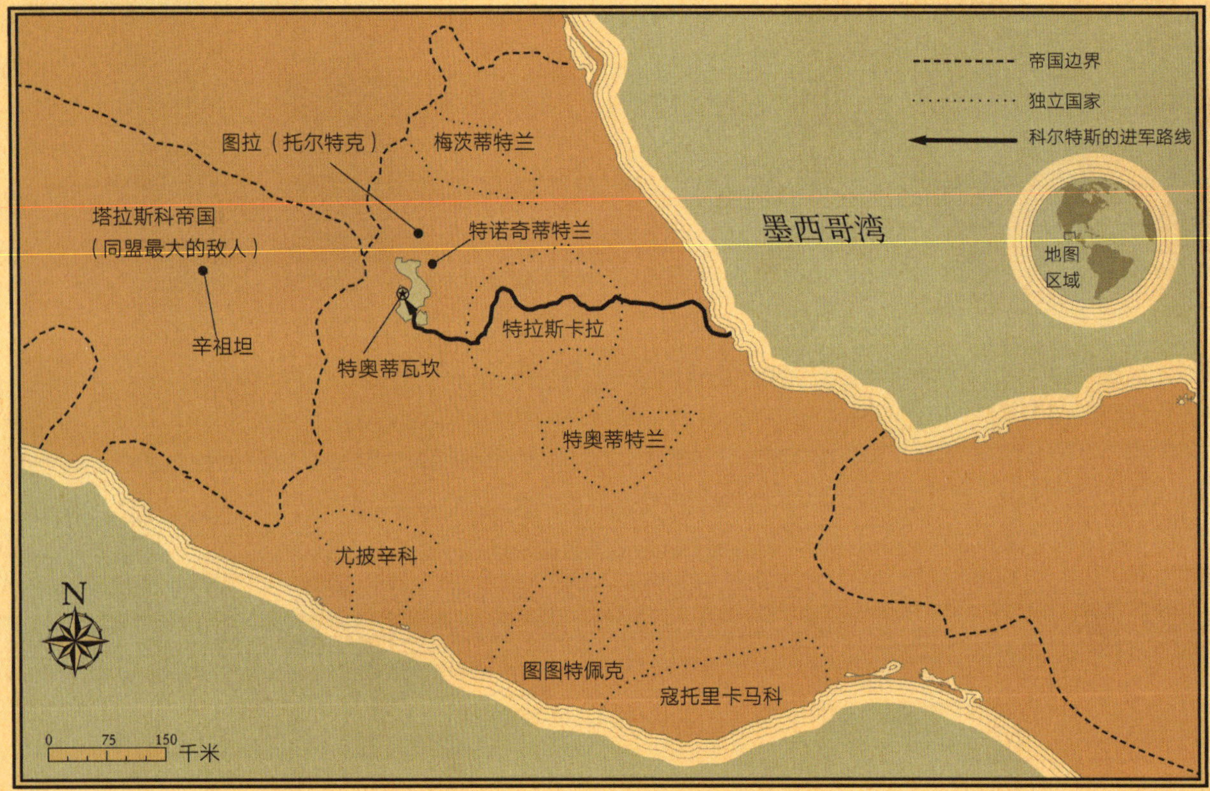

帝国边界
独立国家
科尔特斯的进军路线
图拉（托尔特克）
梅茨蒂特兰
塔拉斯科帝国
（同盟最大的敌人）
特诺奇蒂特兰
墨西哥湾
地图
区域
特拉斯卡拉
辛祖坦
特奥蒂瓦坎
特奥蒂特兰
尤披辛科
N
图图特佩克
寇托里卡马科
0
75
150
千米

神，他的生存对所有人的命运都至关重要。在这个神话中，为威齐洛波契特里征服全世界是墨西卡人的神圣使命。

特拉卡埃雷尔的另一个创举可能是历史上第一个大规模的义务教育计划。每个男性公民都必须上学到 16 岁为止。这种对学习的重视造成诗歌和哲学的大繁荣，也因此流传下来的纳瓦特尔语著作（这是三国同盟的语言）比起著名的古希腊思想家的著作更多。

## “这个残暴的领主”

在最开始的 90 年里，三国同盟逐渐变得富有而强大。随后，1519 年 4 月 22 日，一位名叫赫尔南·科尔特斯（Hernán Cortés）的西班牙征服者在墨西哥东海岸登陆，登陆点靠近现在的韦拉克鲁斯市。他和他的手下来自加勒比海上的西班牙殖民地，他们要征服新的土地。

科尔特斯不仅是一个恃强凌弱的军人，也是一个精明的政客。他知道，如果他想推翻墨西哥的帝

### 喂养太阳

墨西卡人认为太阳的工作十分艰苦。每天当太阳在天空升起的时候，它都必须与月亮和星星战斗，它赐予生命的光芒就是它的胜利，而第二天它必须再次赢得胜利。不过，在太阳和星星的战斗中，人们可以让太阳变得更强。他们可以给太阳“喂食”生命的能量（chalchíhautl），而只有一种方法可以做到这一点，那就是——用人类做祭品。

奴隶和罪犯也能被献祭给太阳，但大多数祭品都是战俘。在墨西卡人看来，三国同盟的征服战争不仅仅是为了扩大帝国，也是为了给太阳提供食物，让宇宙继续存在下去。祭祀仪式是公开的宗教仪式，以使人们铭记这一精神目标。三国同盟可能每年会献祭 3 000 人或 4 000 人。欧洲人对此感到震惊，但更值得注意的是，相对于他们的人口规模而言，16 世纪的英国、法国和西班牙处决的人比墨西卡人处决的人要多得多，而且许多死刑都是在大批民众的面前执行的。在我们看来，欧洲人和三国同盟惊人地相似，暴力杀戮是大西洋两岸社会风貌共有的部分。

赫尔南·科尔特斯从当地酋长那里收到了礼物——肉类和其他物品，这个酋长成了西班牙人的盟友

国，他就必须了解它是如何组织起来的。

当科尔特斯研究三国同盟时，他发现这根本就不是一个统一的国家，它是由不同程度上被三国同盟统治的城邦拼凑而成的。一些城邦虽然被联盟领土所包围，但仍独立于联盟。其他城邦已经屈服于联盟的强大力量，但是他们却满腹苦楚和怨恨。科尔特斯看到三国同盟的帝国充满了不满，而他以后只需利用这种不满，便能达到自己的目的。

当西班牙人向内陆进军时，他们与特拉斯卡拉（Tlaxcala）进行了一次又一次的战斗，特拉斯卡拉是一个由四个小王国组成的国家集团，他们成功地维持了自己对三国同盟的独立地位。特拉斯卡拉的战士人数远远超过西班牙人，但西班牙人有马匹、枪支和钢剑。这些优势帮助西班牙人赢得了每一场战役，但他们在每一场战斗中都有人员损失。

就在科尔特斯最终即将面临失败时，特拉斯卡拉各国的国王向他提出了一个交易。如果科尔特斯愿意和他们一起攻打令人憎恨的三国同盟，他们就会停止攻击西班牙人。科尔特斯同意了，骑着马的西班牙人率领着一支有 20 000 人的特拉斯卡拉军队，开往特诺奇蒂特兰。当西班牙人到达三国同盟的首都时，时任特拉托阿尼（发言人）的蒙特祖马（Motecuhzoma）不想让他们进城。然而，他没有采取任何行动把他们拒之门外，他们对他的抗议也就置之不理。

特诺奇蒂特兰对西班牙人来说堪称奇观。这座城市建在特斯科科湖的一个岛群上（其中大部分是人工岛），城市里的运河纵横交错，通过三条长长的堤道与大陆相连。数以百计的船只像蝴蝶一样在运河和湖面上穿梭，把人和货物运到城市里拥挤的市场。建筑物上盖满了巨大的彩色横幅。到处都是花园，欧洲的城市没有类似的东西。更引人注目的是宽阔的通衢大道。欧洲城市的街道上污水深及脚踝，但在特诺奇蒂特兰，清扫街道的工人就有 1 000 名。

正如科尔特斯后来向西班牙国王说的那样，帝国的所有财富和权力都落入了蒙特祖马的手中。这个征服者写道：“这个残暴的领主领地内能找到的所有东西，都是用金银珠宝和羽毛装饰的，难道还有什么东西比这更壮观吗？”

尽管科尔特斯印象深刻，但他也意识到，只要一句话，蒙特祖马甚至就可以命令他的军队抹去关于西班牙人的一切印记。于是他们把蒙特祖马关在他的宫殿里。这一行为吓坏了这些把他们的统治者视为众神代表的墨西卡人。由于不知道如何应对统治者在自己的宫殿里被囚禁的情况，墨西卡人等了 7 个月才对入侵者发起攻击。

蒙特祖马担心最坏的情况发生，于是他恳求他的国民不要侵扰西班牙人。此后不久，他就被杀害了。墨西卡人的文献说西班牙人谋杀了他，而西班牙人的记载上说他自己的同胞杀死了他。不管怎么样，战争已经爆发。

一位精力充沛的新领袖库伊特拉华克（Cuitlahuac）带领墨西卡人反抗科尔特斯和他的手下。墨西卡人迫使西班牙人进入狭窄的小巷，他们的马匹和枪支在那里没有什么用处。在一阵长矛、飞镖和箭矢的袭击下，西班牙人惊慌地穿过堤坝撤退了。在这一夜的战斗中，墨西卡人彻底打败了科尔特斯，杀死了他四分之三的士兵。

这是一座已经倒塌的头骨摆放架的雕刻品，这个架子被用来储存被杀死的敌军战士的头颅。特诺奇蒂特兰的头骨摆放架上有 1 万多个头颅，这震慑到了西班牙侵略者们

在一场激烈的战斗中，特诺奇蒂特兰的人民赶走了西班牙侵略者

但他们并没有能杀死科尔特斯，这是一个代价高昂的错误。

## 征服者科尔特斯

科尔特斯从来没有考虑过放弃。他转向三国同盟控制下的一些其他城邦，让他们加入他和特拉斯卡拉人。这些新盟友使他的军队达到了大约 20 万人。科尔特斯还构想了一个攻击特诺奇蒂特兰的巧妙计划。

了解到墨西卡人可以轻松地守住通往城市的狭窄堤道，科尔特斯决定从不同的方向靠近城市。他下令在湖岸边建造 13 艘大型船只，这一次，他将从水上袭击特诺奇蒂特兰。

当科尔特斯和他的印第安盟友发起进攻时，墨西卡人进行了激烈的抵抗。在这场战争中丧生的人多达 10 万。最后，科尔特斯占领了这座城市，但此时它的大部分都已经被摧毁。1521 年 8 月 21 日，三国同盟投降了，特奥蒂瓦坎的最后一个继承者也陨落了。

勇敢坚定的科尔特斯作为墨西哥的征服者而名垂青史。不过，让他取胜的并不是先进的技术。尽管拥有马匹、枪支和刀剑，但墨西卡人仍一度把科尔特斯赶出他们的城市。他的第二次进攻之所以成功，只是因为他有一支庞大的印第安盟军，这些盟友的领导人想利用西班牙人来帮助他们消灭三国同盟。如果他在特斯科科湖岸边监造船只时没有发生一些其他的重要事情的话，即使是如此庞大的兵力也不足以战胜特诺奇蒂特兰。

在他战胜三国同盟的过程中，科尔特斯有很多盟友。特拉斯卡拉人和其他印第安人都为他而战。当皮萨罗攻打印加人时也发生了同样的事。他攻打阿塔瓦尔帕时从瓦斯卡尔的追随者那里得到了帮助，这些追随者是内战中的失败者，他也从印加人征服的其他民族那里得到了帮助。许多印第安人都憎恨三国同盟和印加人，他们很乐意帮助别人击败他们。

不过，在这两个案例中，都发生了其他一些重要的事情。西班牙人有他们自己那时不知道的盟友。地理和遗传学的强大而无形的力量也站在他们一边。为了理解这些力量是如何帮助欧洲人打败美洲原住民的，我们必须回到第一批人到达美洲的时候去。

三国同盟的首都特诺奇蒂特兰坐落在湖上的一群岛屿上，它是一座水城，靠一套漂浮的耕地网络（图中右侧位置）提供食物，遍布于城中的小船运载着货物和人员，穿梭在岛屿间的大量运河中

20 世纪早期的插画家威廉 · J. 艾伟德（William J. Aylward）所描绘的哥伦布在美洲登陆的场景

第六章

# 很久很久以前

我们知道，美洲原住民最早从非洲、欧洲和亚洲组成的所谓“旧世界”的某个地方来到美洲。但我们不知道他们是什么时候来的。几十年来，专家们一直在争论这个问题。每一项发现似乎都将人们到达美洲的时间推到更遥远的过去。

## 第一批美洲人到底是什么人？

15 世纪末，克里斯托弗·哥伦布为欧洲人指明了通往美洲的道路。然而哥伦布却没有意识到他发现了什么。他走进坟墓时，还声称自己登陆的地方是靠近印度的亚洲海岸，这就是为什么他把在那里发现的人称为“印第安人”。他虽然错了，但这个名字却一直流传了下来。

当欧洲人意识到美洲并不是亚洲的一部分时，他们就试图确定印第安人是从哪里来的。美洲原住民不符合大多数欧洲人在 16 世纪（及之后的一段时间）所普遍抱有的世界史观。这一史观来自基督教的《圣经》,《圣经》上说，除了方舟上的人和动物以外，所有的人和动物都在诺亚大洪水中淹死了。人们认为方舟上的乘客是地球上所有生物的祖先。而且认为这艘方舟落在了土耳其的群山中。很容易由此设想人类和动物是从那里走向非洲、亚洲和欧洲的。但是，这些人和动物是如何跨越海洋并在美洲定居的呢？

第一批着手解决这个问题的人里面，有一位名叫荷塞·德·阿科斯塔（José de Acosta）的罗马天主教教师，他在西属墨西哥殖民地生活了 25 年。1590 年，阿科斯塔写道，印第安人和所有的人类一样，一定是《圣经》中人类始祖亚当的后裔。这意味着印第安人一定起源于旧世界，然后步行到美洲。阿科斯塔写道，如果人们曾经通过步行到过美洲，那么美洲和亚洲“在某个地方一定是接壤的”。几百年后，科学家们将证明他是正确的。

然而，与此同时，欧洲人一直在试图弄清楚到底哪一群欧洲人或亚洲人是印第安人的祖先。人们有各种各样的想法：印第安人可能是古埃及人、希腊人、罗马人或犹

尽管在得克萨斯州（Texas）和美国西南部的数百处遗址都发现了象形文字，但它们的确切含义大多还不清楚。在实验室里，一些象形文字的年代已经通过放射性碳测年法进行了测定，其中一些显然已经有 12 000 年的历史了

在美国、墨西哥和加拿大的早期印第安人遗址里发现了克洛维斯式矛头（左）和福尔松式矛头（右）

太部落的后裔；一些人甚至声称，美洲原住民是传说中消失的亚特兰蒂斯（Atlantis）大陆上最后的幸存者。

到了随后的 19 世纪，古代人类祖先的遗骸开始在欧洲出土。科学家们开始认识到，人们自从冰河时代以来就一直生活在欧洲，在距离现在有数万年甚至数十万年之久的彼时，冰川覆盖了北方的土地。因此，如果早期人类能在冰河时代的欧洲居住，那么人类也可能同时居住在美洲。人们就开始在美洲搜寻这些古代居民的证据。

## 古代美洲人

到 19 世纪 90 年代，业余考古学家已经在美国的许多地方发现了石器和年代久远的骨头。这些发现者相信他们已经发现了冰河时代美洲人的踪迹，但是国内顶尖的考古学家和地质学家不同意这一说法。他们说，没有证据证明这些石头和骨头有几百或几千年的历史。之后，新墨西哥州的一场突如其来的洪水改变了一切。

洪水在福尔松镇（Folsom）附近的地面上冲开了一条新的沟壑，巨大的骨头露出地面。1926 年，科罗拉多州一家博物馆的馆长杰西·菲金斯（Jesse Figgins）开始挖掘这些骨头。他希望能为他的博物馆找到一具野牛的大骨架，但他找到的东西比他想要的更多。

菲金斯的工人发现了几个制作精良的人造石矛头，其中一个矛头有一部分扎入了一块野牛骨头旁

### 乔治·麦琼金和巨大的骨头

乔治·麦琼金在美国内战前出生在一个奴隶家庭，没有受过正规教育。直到成年后他才学会读书。但是，乔治·麦琼金曾自学拉小提琴，他对天文学、地质学和生物学都很了解。乔治·麦琼金在新墨西哥州的福尔松附近当过农场工头。在一场突如其来的洪水之后，他第一个注意到地面上出现了巨大的动物骨头。乔治·麦琼金知道这些骨头不属于任何现存的物种。多年来，他一直试图让当地人对他的发现感兴趣。多亏了他的努力，这些骨头最终引起了菲金斯和其他科学家的注意——但乔治·麦琼金没能活着看到他的发现成名，他在 1922 年去世，没过几年，他在福尔松的发现就成了头条新闻。

# 公元前 10000 年的北美洲

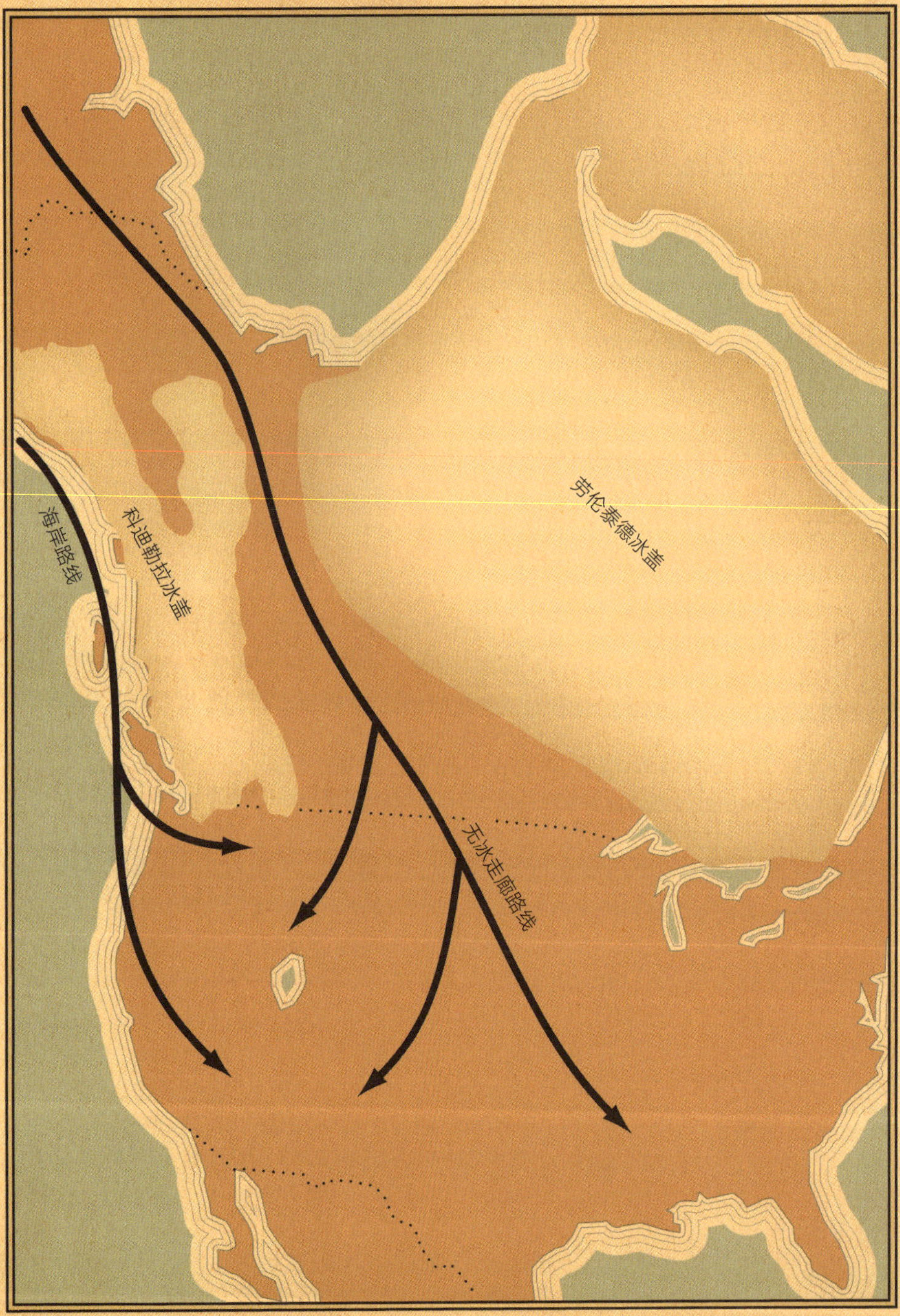


1964 年，考古学家 C. 万斯·海恩斯提出，第一批美洲人横跨白令海峡裸露的海床、穿过覆盖美洲大陆北半部的两块大冰盖融化后形成的无冰走廊迁移到了美洲

边的泥土里。对菲金斯来说，这意味着有一位人类猎人和这头野牛生活在同一时间。不过，这种野牛在一万多年前就灭绝了。如果这一发现是真实的，那就可能意味着美洲人类的历史可以追溯到遥远的过去。

第二年，一批顶尖的考古学家作为观察员来到了福尔松。他们看到菲金斯从一头远古野牛的两根肋骨之间挖出了一个矛头。证据很清楚了。在10 000年前就已经结束的更新世时期，人类就已经生活在美洲了。

在福尔松以南320千米，另一个叫作克洛维斯的新墨西哥州的村庄里，住着一个名叫里奇利·怀特曼（Ridgely Whiteman）的少年。怀特曼有部分印第安人血统，他对印第安人的传说和福尔松的考古非常着迷。1929年，当怀特曼19岁时，他发现克洛维斯附近的地面上露出了巨大的骨头，他的发现导致了又一个重大发现。20世纪30年代，克洛维斯的发掘人员找到了两种早期文化的器物。

就像福尔松一样，他们发现了一层石器。但是，埋在这些石器下面的是另一层更大、更厚、更粗糙的器具。这两层是考古学的基本原理之一——地层学的一个很好的例子，它与地球的地层有关。新的地层会积淀在旧的地层上面。换句话说，当你挖得更深，碰到的土壤层就更古老，这个土壤层里的任何化石或人工制品也就更古老。

地层学并不总是这么简单的，地震和流水会混淆地层的顺序。克洛维斯既干燥又稳定，所以它的地层情况并不复杂。更大的器具是在福尔松器具下层发现的，所以它们更加古老。制作这些更为古老器具的人被称为克洛维斯文化。他们是在福尔松文化之前出现的——但他们究竟生活在什么年代？当时还没有人知道，因为在放射性碳测年法出现之前，还不能精确地测定地层的年代。考古学家在北美各地发现了福尔松和克洛维斯文化的更多遗址。

## 通往美洲的通道

20世纪50年代，当放射性碳测年法发明时，科学家做的第一件事就是确定克洛维斯文化的年代。放射性碳测年法对石器不起作用，但它可以用来测定骨头和木材的年代。测定证实，13 500年前到12 900年前，所有克洛维斯遗址都已有人居住。

C. 万斯·海恩斯（C. Vance Haynes）就是亲手用放射性碳测年法进行年代测定的考古学家之一。克洛维斯的年代对海恩斯有特殊的意义，因为他受过地质学的训练。他意识到克洛维斯文化在美洲出现前不久的时候，正是人们可以从亚洲东北角的西伯利亚步行到阿拉斯加的唯一时期。

今天，太平洋的一个分支——白令海峡将西伯利亚和阿拉斯加隔开了。白令海峡只有90千米宽，35米深，这比许多湖泊都要浅。然而，在冰河时代，世界上的很多水都被冻结成冰川，以至于海平面下降了120米。在那段时间里，一座被地质学家称为白令陆桥（Beringia）的宽阔平坦的陆桥将西伯利亚和阿拉斯加连接起来。

动物和狩猎这些动物的人可以从西伯利亚横穿白令陆桥，走到阿拉斯加。然而，当他们到达加拿大西部时会遇到两块巨大的冰盖，使他们无法继续前行。除了一段短暂的时间之外，这个冰雪屏障都阻止了美洲的殖民进程。

白令海峡的卫星图像

大约 15 000 年前，冰河时代结束了。气候变暖，冰川慢慢融化，海水上升。大约花了 3 000 年的时间，白令陆桥才完全被水覆盖。在这 3 000 年里，随着加拿大两大冰盖的边缘融化，它们之间敞开了一条通道。地质学家称这条通道为无冰走廊。它沿着育空河（Yukon River）和落基山脉（Rocky Mountains）东侧向南延伸。当太平洋还在慢慢吞噬白令陆桥时，动物和人可以穿过陆桥，沿着无冰走廊迁移到北美洲的中心地区。然而，一旦白令陆桥被海浪淹没，迁移就会结束。

1964 年，海恩斯发表了人类移居美洲的理论。他声称，14 000 到 13 000 年前，第一批人类通过白令陆桥和无冰走廊到达北美洲。他们遍布北美洲，成为最早的古印第安人，即克洛维斯文化。美洲所有的印第安人都是克洛维斯人的后裔。

海恩斯的理论很快就在科学界和公众舆论中得到了认可。多年来，这个观点是人们移居美洲的理论的标准版本。任何声称发现了比克洛维斯文化更古老的人类遗迹的人都被刻意忽视或被视为疯子，而且通常这样做的理由都很充分。随后，到了 20 世纪 80 年代，新的观点开始威胁克洛维斯率先论。

## 文字、牙齿和 DNA

对理论的第一个突破口来自对美洲原住民语言的研究。约瑟·哈罗德·格林伯格（Joseph H. Greenberg）是一位语言学家，也就是研究语言的学者。他花了 40 年的时间对数百种印第安语言进行比较，发现它们属于三个大语系：极北的阿留申语系、加拿大西部和美国西南部的纳 - 德内语系，以及其他地区的印第安语系。

格林伯格认为，这三个语系代表了三次独立的美洲移民过程。在至少 11 000 年前的某个时候，操印第安语系的人的祖先最先来到美洲。大约在 9 000 年前，那些说纳 - 德内语的人的祖先也来到了美洲。阿留申语系的人是最后来的，他们大约在 4 000 年前来到美洲。这并不意味着克洛维斯起源的理论是错误的，但这表明美洲原住民的起源远比人们想象的要复杂得多。

格林伯格的三次迁徙理论从印第安人的牙齿上得到了证据支持。所有人类的牙齿数量和类型都是一样的，但是种族之间存在许多细微的差别。一位名叫克里斯蒂·G. 特纳二世（Christy G. Turner II）

的科学家研究了 20 多万颗印第安人的牙齿，发现它们属于三个主要群体，而且这些群体与格林伯格的语系划分相吻合。特纳还将印第安语系的人齿与西伯利亚人的牙齿进行了比较，并声称这些操印第安语系的人大约在 14 000 年前从西伯利亚人中分离出来。

为了更深入地了解美洲原住民的起源，一些研究者转向了快速发展的基因科学。到了 1990 年，他们发现几乎所有的印第安人都属于四种单倍群之一，单倍群是一种遗传学分类范畴。其中三种单倍群在西伯利亚也很常见，这证实了美洲印第安人来自亚洲的祖先。

下一步，人们比较了不同印第安族群的 DNA，看看它们在多久以前从共同的祖先那里分离出来。比较的结果令人大吃一惊。一项遗传学研究表明，第一次美洲迁徙发生在 29 545 年到 22 414 年以前的某个时间，这至少要比克洛维斯早 1 万年。早期的研究动摇了克洛维斯率先论，而基因证据有力地证明了克洛维斯人并不是第一批美洲人。

另一组研究人员研究的是在西伯利亚非常罕见的一种印第安单倍群。他们断定只有一次来自亚洲的迁徙，而且这批移民中一定由于偶然而包含一些拥有那种罕见单倍群的人。这些科学家推断，这批移民在 43 000 年到 33 000 年前离开了亚洲。抵达白令陆桥之后不久，他们就分开了。在加拿大的两块大冰原连接起来之前，一些人向南进入北美洲。

## 圣湖镇的神秘骨骼

30 具人类骨骼和已经灭绝的巨大野兽的骨头混在一起，乱成一团！这本可能是 19 世纪最重大的科学发现之一。19 世纪 40 年代初，一位丹麦植物收藏家在巴西一个名叫圣湖镇（Lagoa Santa）的村庄附近的洞穴里发现了这些骨头。他把大部分的骨骼送到了丹麦的一家博物馆，以为这些骨骼很快就会得到人们的研究。然而事与愿违，它们在盒子里待了 100 多年。

20 世纪 60 年代，当科学家最终开始研究圣湖镇的骨骼时，一些人认为这些骨骼与大多数美洲原住民的遗骸不同。其中一点是，圣湖镇的头骨眼窝上方的眉毛比较浓重。实验表明，这些骨骼可能有 1.5 万年的历史了，它们可能是美洲最古老的人类遗骸。

一些研究人员认为，圣湖镇上的人可能是博托库多人（the Botocudo）的祖先，后者是巴西原住民，在葡萄牙人殖民巴西时被消灭。由于眉骨凸出，博托库多人看起来和其他印第安人不一样。这些研究人员现在正在寻找博托库多人的基因信息。他们与现代的印第安人真的没有关系吗？如果是这样的话，他们是从哪里来的呢？圣湖镇的骨骼看起来也有点像澳大利亚的土著居民。这是否意味着这些澳大利亚土著居民几千年前就来到了美洲？只有进一步研究才能解开圣湖镇的骨骼之谜。

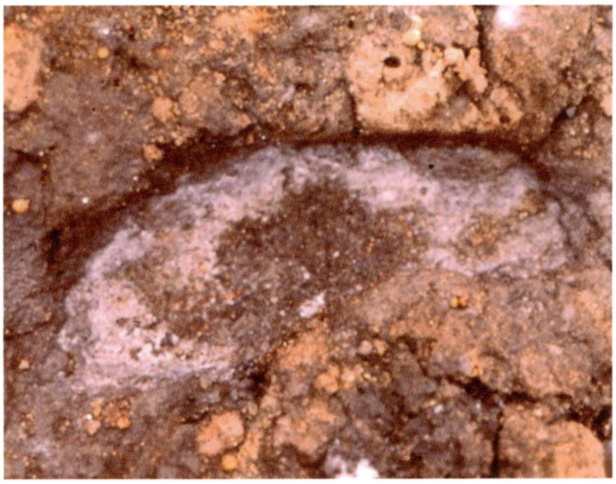

在蒙特沃德矿床发现的孩子的脚印

其余的人在白令陆桥待了几千年。接着，在冰河时代结束的时候，这些人也分成一拨或两拨向南进发。根据这一理论，只有一群古印第安人殖民了美洲，但他们是分成几批迁移过来的。

基因研究提出了更多的问题，考古学家无法判断这些基因证据是否可靠。甚至连遗传学专家都对迁徙的日期和数量，以及移民来自亚洲的哪些地点持有不同意见。只有一件事是明确的：克洛维斯率先论被极大地削弱了，而且这不仅仅是基因研究造成的。因为一个有争议的考古新发现也表明古印第安人在克洛维斯文化出现之前就生活在美洲了。

## 南美洲的一大发现

蒙特沃德（Monte Verde）位于南美洲国家智利，它是一片多沼泽的河岸。从1977年开始，由智利考古学家马里奥·皮诺（Mario Pino）和美国考古学家汤姆·迪勒黑（Tom Dillehay）领导的一个研究小组在那里挖掘了一处遗址。他们发现了一个定居地，里面的住所就像帐篷一样，是用兽皮做成的，通过柱子和缠绕的芦苇固定在一起。根据迪勒黑和皮诺的说法，这个遗址至少有12 800年的历史。

如果蒙特沃德的发现者是正确的，那么在大约13 000年前，人们就已经居住在南美洲了。然而，蒙特沃德的意义远不只这样。由于这个遗址距离白令海峡有16 000千米，所以考古学家一直坚信，古印第安人要花上数千年的时间才能从美洲的北端走到南端。如果说蒙特沃德至少有12 800年的历史，那么人类一定在那之前几千年就到达美洲了。

包括克洛维斯率先论的作者C.万斯·海恩斯在内的一些考古学家，都批判了在蒙特沃德所做的工作。他们认为蒙特沃德和其他所谓的前克洛维斯遗址都需要进一步的研究。然而，认为克洛维斯人是最早的古印第安人的想法正在迅速消失，就连地质学也反对这种观点。20世纪90年代，地质学家用证据证明了冰原比任何人想象的都要大，而且它们持续的时间也更长。这条无冰走廊也许根本就不是通往北美洲中心地带的畅通大道。然而，如果古印第安人不是沿着无冰走廊前行，他们又是如何到达美洲的呢？

## 拥抱海岸

20 世纪 70 年代，克努特·弗拉德马克（Knut Fladmark）还在加拿大学习考古学。他学习了克洛维斯率先论，却惊讶地发现几乎没有无冰走廊的证据。弗拉德马克开始怀疑古印第安人曾经乘船沿着北美洲的太平洋海岸前行。

早期人类确实使用过船只。数万年前，澳大利亚土著居民就从亚洲乘船抵达澳大利亚，而且北极和太平洋西北部的印第安人长期以来一直都是熟练的造船工匠和海员。即使在冰河时代，来自南方的暖流也在北美洲太平洋沿岸形成了一些小片的温和气候区，使得一片冰封的土地上还有长着树和草的“岛屿”。在过去的 40 000 年里，古印第安人随时都有可能沿着海岸从一个温和气候区迁移到另一个。

没有任何考古证据表明古印第安人曾沿着海岸迁徙。也许永远都不会有证据。因为几千年前当冰川融化时，上涨的海水淹没了当时的海岸线。即使第一批古印第安人在那里留下了定居的痕迹，那这些痕迹也早就被淹没了。然而，即使没有确凿的证据证明沿海移民曾经发生过，美洲原住民可能已经在美洲生活了 20 000 年或甚至 30 000 年的这一认识似乎也不太可能消失。

冰河时代使得欧洲的北部直到大约 18 000 年前都不适宜居住，而且直至约公元前 12 500 年，英国还都被冰川覆盖，了无人迹。大多数科学家现在相信，那时候的人类正在从阿拉斯加到智利的美洲蓬勃发展。也许美洲不应该再被称为“新世界”。

然而，美洲与非洲、亚洲和欧洲组成的“旧世界”有着重大的区别。美洲人没有像在世界其他地方那样与驯养的动物生活在一起。在美洲，动物和早期人类之间关系的某些方面被神话所笼罩，但有一点是我们所确实知道的：牲畜塑造了欧洲人和美洲原住民的不同命运。

马卡（Makah）印第安人已经在现属华盛顿州的海岸地区生活了至少 3 800 年

更新世时期，多毛的猛犸象
在北美洲、欧洲和亚洲游荡

# 第七章

# 灭绝

13 000 多年前，奇特的巨型动物在北美洲游荡。成群的乳齿象震动着地面，剑齿虎在小山上徘徊，200 多千克重的海狸在河里漫游。

与在人类诞生之前几百万年就已经灭绝的恐龙不同，这些巨大的生物曾与人类共同生活在地球上。然而，当大规模的灭绝浪潮在美洲蔓延时，几乎所有的大型哺乳动物都死去了，只有少数大型哺乳动物幸存了下来，而它们中的大多数，如野牛和驼鹿，都无法驯化。美洲几乎没有能供古印第安人驯养的动物——没有牛、马、羊或猪，这在某些方面阻碍了印第安文化的发展，但在其他方面却帮助了印第安文化。

## 怪异野兽的世界

犀牛和鸵鸟生活在非洲，不是吗？如今它们确实生活在非洲，但在科学家称之为更新世的时期，巨大的犀牛曾经在北美洲生活，它们身上覆盖着像盔甲一样的厚壳。巨大的、不会飞的鸟像凶猛饥饿的鸵鸟一样在美洲的平原上飞奔，以寻找活的猎物。

犀牛和类似鸵鸟的鸟类是更新世巨动物群（Pleistocene megafauna）的一部分。（megafauna 这个词的意思是“庞大的动物”，更新世巨动物群是指生活在结束于大约 10 000 年前的更新世时期的巨型动物。）它们和如同扶手椅一样大小的海狸、几乎和汽车一样重的巨型海龟，以及能爬到离地面 12 米高树枝上的树懒一起生活在这片土地上。此外，这里还有凶猛恐怖的狼，它们比现代的狼要大。

你见过犰狳吗？这是在美洲南部发现的一种小动物，它通过蜷缩成一个保龄球大小的球来保护自己。在更新世时期，一种体形更大的犰狳曾生活在美洲，它被称为雕齿兽，体长大约有 3 米。如果雕齿兽蜷缩成一个球，那么这个球可能比人还要高。

如果剑齿虎、恐狼和雕齿兽仍然还活着的话，它们可能会成为动物园里引人注目的明星。然而，大约从公元前 11500 年开始，美洲的巨型动物就灭绝了。一些种类的动物完全消失了，还有一些种类的动物从美洲消失了，但在其他地方继续生存。例如，在更新世大灭绝之前，美洲有三种马，而且至少有两种骆驼。后来，美洲既没有马，也没有大型骆驼了。只有骆驼科中较小的成员，如美洲驼和羊驼，在南美洲存活了下来。

大灭绝发生的速度惊人，也许仅仅花了几个世纪。是什么能如此迅速地杀死这么多巨型动物？这个问题在科学界引发了一场辩论，这场辩论始于 20 世纪 60 年代，至今仍在继续。

剑齿虎的上犬齿长而尖锐，形状像是向后弯曲的匕首

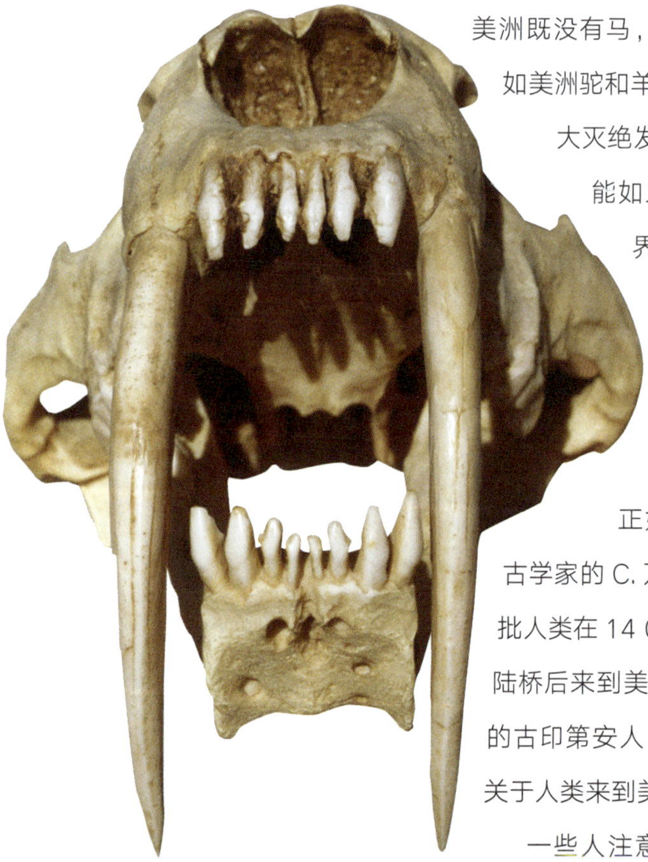

## “绝对优越的掠食者”

正如我们在上一章中看到的，从地质学家转行成考古学家的 C. 万斯·海恩斯在 1964 年发表了他的观点，即第一批人类在 14 000 年前到 13 000 年前之间从西伯利亚穿越白令陆桥后来到美洲。他们穿过加拿大西部的无冰走廊，成为最早的古印第安人，即克洛维斯文化。科学界很快就接受了海恩斯关于人类来到美洲方式的这一观点。

一些人注意到克洛维斯文化刚好是从巨型动物开始消失的

时候出现的，但他们并不认为这两件事有什么关系。考古学家发现的克洛维斯遗址全都只有小群居民，没人相信那些小群猎人会引发一场巨大的生态灾难。随后在1967年，一位名叫保罗·马丁（Paul Martin）的科学家展示了克洛维斯猎人可能通过什么方式杀光美洲的巨型动物。

马丁是一位古生物学家，也就是研究古代生命和已经灭绝的生命形式的科学家。他说，当那些从未被人类猎杀的野兽突然暴露在马丁称为“全新的、绝对优越的掠食者”面前时，灭绝就一定会发生。“全新的、绝对优越的掠食者是指喜欢杀戮，而且只要碰到动物就会坚持杀死它们的猎人。”换句话说，就是人类中的猎人。

马丁说，想象一下，最初一支只有100名猎人的队伍穿过白令陆桥，沿着无冰走廊前行。他们发现自己生活在一个无人居住的偏远地区。历史记载告诉我们，偏远地区的人口可以非常迅速地增长。古印第安人每20年就有可能将他们的人口数量增加一倍。这意味着他们的人口仅仅在340年内就能达到1 000万，以地质年代来看，这就是一眨眼的工夫。

马丁认为，100万古印第安猎人就可以形成一波从无冰走廊的南端扩散开来的浪潮，他们可能会开始猎杀那些从未见过人类或学会害怕人类的动物。在300到500年内，毁灭的浪潮就能到达墨西哥湾。在1 000年内，它就会到达南美洲的南端。对现代考古学家来说，这场屠杀的飓风将会以克洛维斯史前古器物的形式出现，这些史前古器物的年代可以追溯到大型哺乳动物消失的那段时期。

人类将更新世动物猎杀殆尽的观点被称为过度

## 长蜥蜴和巨型袋熊

在40 000年前到10 000年前，冰河时代快要结束的时候，美洲并不是唯一一个更新世物种灭绝的地方。在世界其他地方，巨型动物（换句话说就是很多种哺乳动物、鸟类和爬行动物）也都消失了。澳大利亚曾是古巨蜥的家园，它是一种可能长达7米的蜥蜴。澳大利亚也曾是双门齿兽的家园，它是一种河马大小的动物，这种动物与现代有袋目哺乳动物袋熊（它的体型则小得多）非常相似。在新西兰附近的岛屿上，曾有种被称为恐鸟（Dinornis 或 moa）的不会飞的巨鸟，其高度可达3.5米。

在第一批人类到达这些巨型动物居住的土地上，并开始在那里殖民后不久，这些巨型动物和其他种类的巨型动物就都消失了。这是否意味着人类将这些动物猎杀殆尽？也许是这样……但这还没有得到证实，而且还有其他的可能，比如气候变化和疾病。科学家们知道，随着冰河时代的结束，地球上的许多生命特征正在发生变化。人类迁移到新的地区以及巨型动物的消失只是更大的图景中的两件小事。

这个石雕可能有 3 500 年的历史，上面雕刻了一个戴有羽毛头饰的战士。它是在怀俄明州的大角盆地发现的

捕杀论。并不是所有人都对此深信不疑。古生物学家们指出，许多不能作为食物被猎杀的物种也与巨型动物同时消失了。这些科学家说，气候变化更有可能是导致物种灭绝的原因。马丁针对他们的看法做出了回答。他说，气候在更新世更早的时期也发生了很大的变化，但这并没有使动物灭绝。他认为，让情况发生变化的其实是人类。

## 最早的美洲人？

尽管并不是所有人都赞同过度捕杀论，但它创造了一种最早的美洲人的印象，这种印象走入了教科书、杂志和公众的头脑之中。在这个印象中，古印第安人生活在流动的小群体里。他们最喜欢的猎物是猛犸象，它是一种巨大的、缓慢移动的生物，看起来像一头长毛的大象。有时，克洛维斯猎人会把猛犸象引诱到沼泽里进行捕猎，更多的时候，他们悄悄接近猛犸象，然后用长矛攻击它们。

普遍认为，克洛维斯人在他们的领地上潜行寻找猎物。他们还寻找燧石和其他种类的石头，用来做他们的长矛头和工具。他们的群体可能有多达 50 名成员，其中的姑娘与群体外的人通婚。妇女和女孩留在营地制作衣服，照顾婴儿，收集野生浆果等植物性食物。男人和男孩们外出打猎，一次可能要去好几天。

大灭绝使大型猎物变得稀少。克洛维斯人不得不从狩猎猛犸象转向狩猎野牛，野牛体型较小，但数量更多。人们聚集在野牛饮水的地方，当它们来饮水的时候人们就发起袭击，然后猎人就拖着大量鲜肉蹒跚回到营地。

这种图景是 20 世纪 70 年代和 80 年代的许多考古学家描绘的美洲早期的生活。有些考古学家依然这样认为，然而，情况可能根本不是那样的。正如你在第六章中读到的那样，认为克洛维斯人是第一批美洲人的观点自 20 世纪 80 年代以来就受到了抨击。现在，许多专家认为人类在克洛维斯文化形成之前几千年（这时也是更新世巨型动物灭绝之前几千年）就来到美洲了。如果这是真的，那么在这些动物灭绝之前，更新世人类和更新世的巨型动物在一起生活了很长一段时间。

过度捕杀论认为克洛维斯文化是围绕狩猎活动组织起来的，但考古证据表明狩猎可能不是主要的活动。大卫·J. 梅尔策（David J. Meltzer）和唐纳德·K. 格雷森（Donald K. Grayson）这两位考古学家整理了在 76 个古印第安营地考古发掘的所有物品，并列出清单，以寻找狩猎大型动物的证据。他们发现只有 14 个营地有狩猎大型动物的证据，而所有这些证据仅仅来源于两种猎物，乳齿象（它们与猛犸象很相似）和野牛——这里没有巨型树懒或乌龟的骨头。相对于巨型动物而言，也许克洛维斯人和其他早期的美洲人，更依赖于浆果、树根、鱼和小型猎物。

## 没有牲畜的生活

更新世巨动物群可能死于气候变化或狩猎，或

动物陷入了拉布雷阿（La Brea）沥青坑中。许多冰河时代的动物都被这处位于加利福尼亚州的遗址保存了下来

许两者皆有，或者可能是死于科学家至今还没有发现的某种原因。不管是什么原因，更新世大灭绝对美洲出现的印第安社会产生了巨大的影响。

在世界其他地区，人们有各种各样的驯养动物：猫和狗，鸡鸭等家禽，牛、猪、绵羊和山羊等牲畜。他们还有马，这是蒸汽机发明之前地球上最快的交通工具。然而，美洲原住民只有很少的驯养动物——中美洲的狗，以及南美洲安第斯山脉的美洲驼、羊驼、豚鼠和一种鸭子。

缺乏牲畜是印第安人和来到美洲的欧洲人之间的主要区别之一。与欧洲人不同的是，印第安人并不一直与许多动物接触。这有其不利之处——例如，没有马的印第安人就不能像欧洲人那样快速地出行，也不能像欧洲人那样有效地传递信息。

没有牲畜的生活也有好处。它让印第安人躲过了许多疾病。科学家使用“人畜共患病”一词来表示一种能从动物传播到人类的疾病，而且这种疾病有很多。流感是一种众所周知的人畜共患病。它可以从鸟类开始，然后传染给人类，成为名为“禽流感”的传染病。一种牛类疾病在人类中会变成麻疹，当一种被称为马痘的疾病传播到人类身上时，它就被称为天花。这些人畜共患病以及其他一些疾病在美洲都不存在，这对与世隔绝的印第安人来说是一大幸事。然而，当欧洲人抵达时，这变成了致命的诅咒。

# 第八章

# 没有疾病的天堂？

还记得墨西哥的征服者赫尔南·科尔特斯吗？当他试图夺取首都特诺奇蒂特兰时，三国同盟把他赶了出去，还杀死了他的大部分人马。科尔特斯并没有放弃，他计划对这座城市进行第二次攻击，这次使用的是船只。然而，当科尔特斯在监督他的舰队建造时，致命的天花病席卷了特诺奇蒂特兰，该市至少有三分之一的人死亡，其中包括许多军事领袖。其中一人是库伊特拉华克，他是带领墨西卡人对抗科尔特斯的特拉托阿尼（发言人）。

当科尔特斯第二次攻击特诺奇蒂特兰时，他率领着一支庞大的美洲原住民军队。经过激烈的战斗和付出大量的伤亡之后，他们占领了这座城市，但是谁知道如果库伊特拉华克还活着，这场战斗将会怎样？特诺奇蒂特兰的人民在遭受了所有的损失，甚至在遭受了一种新疾病的恐怖和痛苦之后，仍然拼命地为保卫家园而战。如果他们的整个军队都还完好无损，那么他们可能会再次击败科尔特斯。事实上，如果印第安人认为特诺奇蒂特兰依然很强大的话，科尔特斯可能不会在他们当中找到这么多盟友。

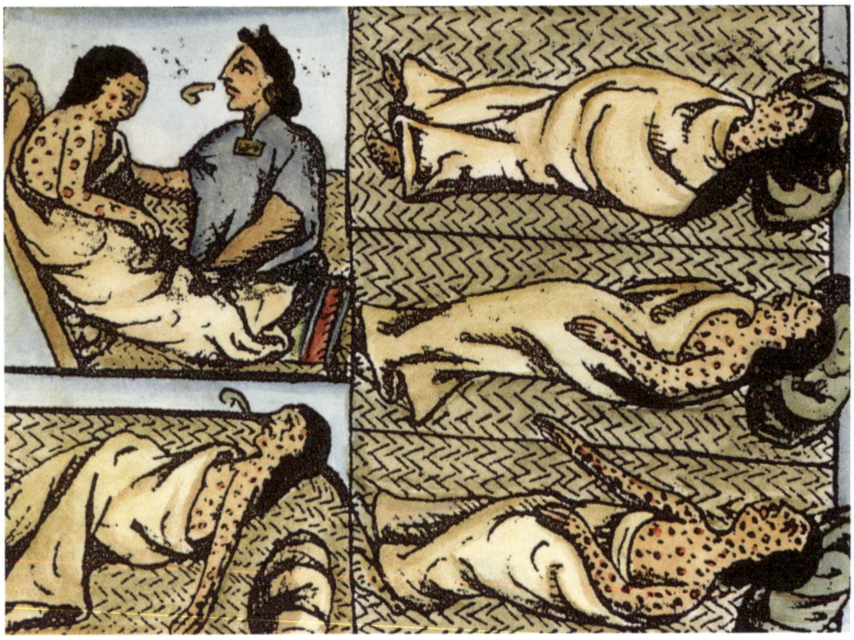

在这幅 16 世纪的雕刻中，巫医在与感染天花的墨西卡印第安人交谈

墨西哥的西班牙征服者从 16 世纪初在美洲蔓延的巨大而可怕的疾病浪潮中受益，这场疾病浪潮消灭了所有的美洲原住民。无论欧洲人在哪里登陆，同样的事情都在反复发生。

## 高风险

美洲原住民是一小群先民的后裔——这个“一小群”是与亚洲、欧洲和非洲的大量人口相比而言的。此外，几千年来，亚洲人、欧洲人和非洲人相互接触，但美洲人在海洋淹没了横跨白令海峡的陆桥之后，就与世界其他地区隔绝了。这意味着他们不会染上世界其他地区出现的一切疾病，类似腺鼠疫（欧洲中世纪的黑死病）这样的毁灭性疾病对美洲来说还是未知的。

在亚洲、欧洲和非洲，人们在生活中会与家畜密切接触。然而，正如我们在第七章中看到的，美洲原住民几乎没有驯养的动物。没有牲畜，美洲原住民就不会染上包括天花和麻疹在内的人畜共患病，这些疾病是从驯养的动物身上传染给人类的。事实上，印第安人几乎没有经历过传染性疾病，也就是会从一个人传染到另一个人，最后遍及整个地区的疾病。

对欧洲人来说，没有疾病的生活就像天堂一样，因为他们来自一个瘟疫暴发会导致千万人死亡的大陆，那里的每个孩子都有死于麻疹或天花的风险。然而，由于欧洲人长期生活在疾病中，他们已经对疾病有了一些免疫力或抵抗力。欧洲人通常在童年时期就接触到常见的病原体，那时他们存活的机会更大，因为许多疾病在儿童中的表现没有成年人那么严重。有些孩子死了，但很多孩子都活了下来。这些幸存者后来就对这些疾病免疫了，因为他们机体中的系统已经准备好抵御他们所接触到的下一批病原体。

因为印第安人成长过程中没有见过欧洲的疾病，所以他们没有获得任何免疫力。这使他们在遇到病原体时面临着很大的风险，一些研究人员认为，印第安人面临风险还有另一个原因——一个与遗传学有关的原因。

## 遗传与免疫

除了因接触疾病而产生的免疫力外，人们身体内还有另一种免疫能力。医生称之为免疫系统，它是身体自我保护的方式。这项工作的一部分是由大多数细胞内都有的一种被称为人类白细胞抗原（HLA）的微小分子完成的。HLA 把病毒等致病物质从细胞内部运输到外部，而身体的细菌警察——白细胞，可以在那里摧毁这些致病物质。

HLA 的种类很多，而且每种类型都适合携带某些种类的异物，例如病毒和细菌。你特有的 HLA 阵容称为你的 HLA型，它是你遗传基因的一部分，是父母传给你的，而父母的 HLA 型又是从他们各自的父母那里继承的，以此类推。

在一群人中，HLA 的种类越多，这群人能战胜多种威胁的概率就越大，大多数人类群体都混杂着许多不同的 HLA 型。当疾病出现时，有些人因为他们的 HLA 系统不能识别出特定种类的病毒或细菌而生病。其他人的 HLA 会把病毒或细菌呈递给白细胞，所以他们不会生病。如果一个群体中大多数人的 HLA 型都相似，那么任何让一个人生病的东西都会让其他多数人也生病。

因为所有美洲原住民都是一小群远祖的后代，所以他们的遗传基因不像其他群体那么混杂，尤其

这幅 1590 年的雕刻显示出，美洲印第安人通过打开头骨（左）去除病变的血液来照顾病人，而且他们还用草药的烟雾（右）来预防包括梅毒和天花在内的欧洲疾病

是与世界其他地方的人相比，他们的 HLA 型的种类更少。换句话说，很多印第安人拥有一套非常相似的 HLA。

想象一下，一种新的疾病侵袭了印第安人，如果印第安人的 HLA 能抵抗这种疾病的致病菌，他们中的大多数人将会存活下来；然而，如果他们的 HLA 碰巧对这种疾病无能为力，他们中的大部分人将会生病，甚至可能会死。这并不意味着美洲原住民的基因没有其他人群的基因好，与其他人一样，美洲原住民的基因只是被历史塑造成这样的。

历史上的一个偶然事件导致了美洲原住民拥有种类很少的 HLA 型。历史上的另一个偶然事件让他们接触不到人畜共患病。结果，当欧洲人出现时，印第安人就面临着很大的威胁。正如特诺奇蒂特兰的命运所显示的那样，当印第安人正需要力量去抵御来自大洋彼岸的侵略者的时候，他们可能会遭到新疾病的侵袭。

## 死亡降临到了印加

弗朗西斯科·皮萨罗征服了南美洲的印加帝国，当时他手下的人比科尔特斯在墨西哥的人还要少。像科尔特斯一样，无形的疾病力量也帮助了他。甚至在皮萨罗的手下 1532 年向帝国进军之前，疾病就侵袭了印加人。

西班牙旅行家佩德罗·谢萨·德·莱昂（Pedro Cieza de León）记录了印加帝国的衰落，在西班牙征服后不久，他在秘鲁住了 15 年。他讲述了印加帝国在国王瓦伊纳·卡帕克于 1527 年生病去世后，两个儿子如何因为争夺王位而使帝国陷入内战的故事。根据谢萨·德·莱昂的说法，杀死印加领袖的疾病是天花，而且国王并不是唯一的死者。这种疾病在全国蔓延，杀死了多达 20 万名印加人，其中包括许多王室成员、将军和其他领导人。

瓦伊纳·卡帕克的死亡，以及天花流行引发的混乱，大大削弱了帝国的力量，以至于少数西班牙征服者就能占领帝国。印加军队被内战打垮了，军队在很大程度上又由于疾病的侵袭而处于无人领导的状态，无法对皮萨罗发动协调一致的抵抗行动。像科尔特斯一样，皮萨罗能够从那些憎恨印加人的印第安人那里获得成千上万的原住民盟友。弗朗西斯科的弟弟佩德罗·皮萨罗知道西班牙人很幸运。他写道，如果瓦伊纳·卡帕克还活着，如果帝国没有被内战分裂，西班牙人就不会有机会胜利。打败了印加人的是天花，而不是西班牙人的枪支、马匹或领导能力。

瓦伊纳·卡帕克在皮萨罗登陆秘鲁海岸 6 年之前就去世了。那么天花是从哪里来的？它可能来自加勒比海地区，1518 年，位于伊斯帕尼奥拉岛（Hispaniola）的西班牙殖民地爆发了天花。西班牙冒险家把这种疾病从加勒比海上殖民地携带到了美洲大陆，疾病迅速蔓延到了墨西哥中部。天花杀死了那些正在保卫特诺奇蒂特兰的士兵。20 世纪 60 年代，研究人员在西班牙人的古老记载中找到了证据，证据表明这次疫情从中美洲向南传播到了厄瓜多尔，瓦伊纳·卡帕克患病时就住在那里。

在皮萨罗征服秘鲁之后的 30 年里，在从前印加帝国的国土上，人们又遭受了四次天花流行，以及流感、麻疹和其他欧洲传染病的暴发。结果很糟糕。1565 年的一位目击者写道，“尸体散落在田野上，或堆在房子或小屋里。”整村整村的人都死了，乡下成了一片荒原。

## 致命的猪

在印加帝国灭亡几年后的 1539 年，西班牙冒险家埃尔南多·德·索托（Hernando de Soto）带着 600 名士兵、200 匹马和 300 头猪登陆佛罗里达。在此后的 4 年里，他的军队在现在属于美国南部的卡罗来纳到得克萨斯一带徘徊。这些西班牙人在寻找黄金。他们什么也没找到，而且还破坏了他们所接触的一切事物。

在游荡期间，德·索托和他的追随者们折磨、奴役并杀害了无数印第安人。然而，一些研究人员说，他们做的最糟糕的事情就是带来了这些猪。

对美洲而言，猪完全是崭新的事物，但对西班牙征服者而言，猪和马同样重要。精瘦而饥饿的猪在行进的队伍旁边跑来跑去，这些士兵喂它们吃垃圾，然后把它们杀了吃肉。猪携带的疾病包括炭疽病、肺结核以及旋毛虫病，它们也会侵袭人类。猪也会感染其他动物，例如在美洲的森林里游荡的鹿和火鸡。仅仅几头由德·索托带来的猪游荡在森林里，就能把疾病传染到整片森林，使美洲原住民猎人处于危险之中。

当德·索托穿过密西西比河时，他发现了这一地区“遍布”印第安人建造的“大城镇”。一个多世

### “人类的蜂巢”

巴托洛梅·德·拉斯·卡萨斯（Bartolomé de las Casas）写下了一些关于西属墨西哥早期生活的最详细的描述。尽管拉斯·卡萨斯以西班牙征服者的身份来到墨西哥，但他后来为自己对印第安人的残忍行为而忏悔。在他漫长的后半生中，他一直都致力于与西班牙人对美洲原住民的虐待做斗争。

1566 年，当拉斯·卡萨斯去世时，他留下了一部西班牙人在美洲的历史，但由于它反西班牙的观点，该书多年来一直没能出版。根据拉斯·卡萨斯的说法，西班牙人第一次来到美洲时发现了一个拥挤而熙熙攘攘的地方——他称之为“人类的蜂巢”。在拉斯·卡萨斯看来，美洲人口非常密集，以至于“它就像上帝把全人类的绝大多数都放置在这些国家了”。

拉斯·卡萨斯试图计算出这些美洲原住民中有多少人死于西班牙人带来的疾病和暴行。一开始，他写道：“不自欺欺人地说，我相信数量超过了 1 500 万。”后来，拉斯·卡萨斯将死亡人数上调到了 4 000 万人。他的数据可能并不准确，但这些数据告诉我们美洲人口众多，人丁兴旺。这些数据还告诉我们，欧洲人（更确切地说是欧洲疾病）的到来，迅速导致了大规模的死亡和灾难。

1541 年，埃尔南多·德·索托“发现”密西西比河

纪后，当法国探险家经过同一地区时，他们发现只有几个村庄零零星星地散布在河岸。发生了什么？一种可能就是德·索托的猪传播了传染病，从而消灭了繁荣的文化。

其中一种被消灭的文化是喀多族（Caddo），他们生活在现在阿肯色州和得克萨斯州之间的边界上。在德·索托到来之前，喀多人建造了大型公共建筑，如广场和平台。后来，幸存者则挖掘了公共墓地。

他们需要那些墓地，因为他们死了很多人。一位考古学家估计，在德·索托灾难性的南方之行以前，喀多人大约有 20 万。大约一个世纪后，喀多人差不多只剩 8 500 人了，人口数量下降了近 96%。

## 死了多少人？

没人知道有多少印第安人死于 16 世纪以来肆虐美洲的欧洲传染病，大多数美洲原住民都没有保留书面记载。从私人信件到城镇的出生与死亡记录，欧洲访客和殖民者确实在许多著作中记载了这些疾病，但这些资料残缺不全，而且可能并不总是准确的。

有多少印第安人死于疾病的问题与另一个问题有关：在欧洲人到来之前，有多少印第安人生活在美洲？现代历史学家对这一问题的回答大不相同，而且他们总是基于某种程度的猜测。

20 世纪 30 年代和 40 年代，一些历史学家认为，在哥伦布之前，在美洲居住的人大约只有 1 000 万，也许更少。大多数人居住在中美洲和

1585 年，佛罗里达的印第安人

1591 年，佛罗里达的印第安村落

南美洲，只有不到 100 万人居住在北美洲。然而，欧洲人在殖民时期写下的记录中给出的数字要高得多——例如，仅在墨西哥中部地区就有多达 4 000 万人。

近几十年来，历史学家一直在上调美洲原住民的人口数量。有些历史学家甚至声称美洲是 1 亿多人的家园，这比欧洲当时的人口还要多。现在大多数专家都认为这个数字太高了。但几乎所有人都坚信，生活在美洲，尤其是北美洲的印第安人，比前几代历史学家认为的要多得多。

我们可能永远无法确定哥伦布到来时美洲原住民有多少人——或哥伦布到来之后，有多少原住民死于疾病，但无论人数多少，疾病的影响都改变了世界。许多美洲原住民社会消失了，他们的文化、生活方式以及整个民族都从地球上消失了。西班牙人、法国人和英国人都建立了自己的殖民地，但病菌才是美洲的真正征服者。

## 第三部分

# 3

# 以前美洲真的是片荒原吗？

“在这片土地上没有明显的生活痕迹。”这是多年以来教科书对美洲原住民的描述。像玛雅、印加这样建造巨型纪念碑、进行大规模农业耕种的原住民社会都是惊人的例外。我们被告知，大多数印第安人像从历史上滑过一样，从森林和平原滑过，几乎没有留下任何痕迹。他们对这片土地的影响甚小，所以欧洲人过来时，他们称这片土地为荒原。

然而，越来越多的研究人员称，前哥伦布时期美洲的景象并非如此。原住民对他们的生活环境进行了多方面改造，或者可以说是创造了一个全新的环境。他们的活动塑造了当地的景象。如果你知道如何去审视的话，就仍然能在这片土地上看到他们的历史。

亚马孙河

# 第九章

# 亚马孙河流域

随便找六个人来问他们当今世上最大的荒原是哪一块，肯定有一些人会说是“亚马孙热带雨林”。

成百上千的电视节目和杂志文章为我们呈现了南美洲亚马孙河的壮丽景象：辽阔的热带雨林将它环绕，野生动植物在其间生长。这些节目也告诉我们，如今人们正在砍伐树木来为发展农业、矿业和兴建道路建筑腾出土地，而这正在破坏这片森林。大家都听说过，亚马孙森林是属于世界的一座生态宝库，保护它是环境保护运动的最大目标之一。但是，研究人员正在发现的一些关于亚马孙的事情，你可能从未听过。

亚马孙森林似乎并不是一片毫无人迹、有百万年历史的荒野，也不是自然界最后的遗产。亚马孙地区的确是一处稀有、宝贵且脆弱的景观，但它或许并不是自然产生的。这片伟大的热带雨林可能是由人和自然相互作用所创造出来的。如果这一新观点是对的，那么这片森林曾是大量组织完善、历史悠久的古印第安社会的家园。他们曾改造周围的生活环境，只是我们才刚刚开始理解他们的手法。

1492年以前的聚居区
哥伦比亚
委内瑞拉
圭亚那高原
布朗库河
圭亚那
苏里南
法属圭亚那
基多
卡克塔河
普图马约河
纳波河
内格罗河
彩绘岩洞（潘卓品塔达岩洞）
马拉若
贝伦
伊朗杜巴
马瑙斯
亚马孙河
圣塔伦
索里蒙伊斯河
（亚马孙河）
马拉尼翁河
阿拉皮温斯河
塔帕若斯河
欣古河
托坎廷斯河
巴西
茹鲁阿河
普鲁斯河
马代拉河
乌卡亚利河
秘鲁
利马
玻利维亚
贝尼
马莫雷河
巴西高原
欣古村庄遗址
地图区域
N
0 75 150 千米

亚马孙盆地

## 不可思议的旅行

第一份关于亚马孙河流域的文字记载出自加斯帕尔·德·卡尔瓦哈尔（Gaspar de Carvajal），他是首次在亚马孙河顺流而下的 59 个西班牙冒险家中的一员。但是很难知道卡尔瓦哈尔的描述有多少是可信的，因为这次旅行的幸存者都被人指控是叛徒和骗子。

这一切起源于秘鲁的征服。掌管秘鲁的弗朗西斯科·皮萨罗有一个同父异母的兄弟贡萨洛·皮萨罗（Gonzalo Pizarro），他是个既残暴又爱惹是生非的人。为了不让贡萨洛继续碍事，1541 年，弗朗西斯科以探险的名义派他出去寻找传说中一个充满金子的城市，传闻这个城市位于亚马孙盆地的某个地方。

贡萨洛·皮萨罗率领一支大型探险队沿着安第斯山脉的东麓进入潮湿、炎热且昆虫肆虐的亚马孙森林。在那里，西班牙人摸索了数月，同时受到疾病和饥饿的困扰。森林里到处都是食物，但他们不知道哪些植物可以安全食用。最后，皮萨罗的副手弗朗西斯科·德·奥雷利亚纳（Francisco de Orellana）自告奋勇地带着一小群人去寻找补给。他们驾驶征服者们建造的一艘粗陋的船出发，沿着纳波河向下漂流，而这条河最后会流入亚马孙河。

在纳波河历时 9 天、航行 960 千米之后，奥雷利亚纳和他带领的人发现了一个有食物的村庄。他们先填饱了肚子，然后决定不再艰难地逆流而上将物资带给皮萨罗和其他人。相反，他们会沿着水系向下，前往大西洋。不过他们知道，如果皮萨罗有幸活下来，他一定会把他们称作叛徒。所以卡尔瓦哈尔决定，在写旅行故事时让他们显得好像别无选择，只能放弃皮萨罗和其他人。因此，从一开始卡尔瓦哈尔的说法就不可靠。

这幅描绘奥雷利亚纳在亚马孙河顺流而下的 19 世纪画作显示，西班牙人在单桅帆船上安逸地航行。然而他们实际上是挤在大型划艇里面的。艺术家和作家经常向我们传递关于早期征服者的浪漫幻想，而其中一些仍然影响着我们今天对那时的印象

奥雷利亚纳和他的手下花了 5 个月的时间沿着世界上最大的河流亚马孙河漂流而下。一路上，他们向当地人讨要食物，一般都能要到。但他们也和当地人厮杀。令人吃惊的是，贡萨罗·皮萨罗也在严酷的丛林考验中幸存下来，并回到了秘鲁。他指责奥雷利亚纳是“有史以来最残忍的一个无信仰者”。至于卡尔瓦哈尔关于河流之旅的描述，直到 1894 年才出版，在一定程度上是因为大多数人不相信它。

卡尔瓦哈尔书里的场景让我们感觉在他航行的时候，亚马孙河岸上好像遍布人口众多的大型定居点，有些甚至延绵数千米。他写道，城镇散布在河岸，里面住着印第安人。这些印第安人都是凶猛的战士（包括一个女战士部落），他们指挥着独木舟组成的舰队。卡尔瓦哈尔时代的人们认为这一切都是他编造的，一位西班牙作家嘲笑道：“谎话精，一派胡言。”

现代历史学家也认为卡尔瓦哈尔的故事是虚构的。毕竟，他们表示，亚马孙河流域根本无法养活卡尔瓦哈尔描述的大规模人群。或许，它真的可以。

## 湿润的沙漠

亚马孙热带森林看起来茂密繁盛，不可撼动。事实上，这个充满生机的动植物群落的基础很薄弱。高温和强降雨将养分从土壤中冲出，使得这里的土壤不仅贫瘠，还一直被侵蚀和酸化，因此许多生态学家称这片热带森林为“湿润的沙漠”。

从土壤中流失的营养物质储存在森林的植被中。树叶掉落或整棵树倒下时，它们所含有的营养物质被植物高效的根系迅速吸收。如果大块土地上的植被被清除，并且长期抛荒，红土将变得干燥，硬得像砖块一样，而且几乎完全无法维系生命。

1971 年，一位名叫贝蒂·梅格斯（Betty Meggers）的考古学家出版了一本名为《亚马孙河流域：伪造天堂中的人类和文化》（*Amazonia: Man and Culture in a Counterfeit Paradise*）的书。该书解释了亚马孙河流域的人们如何设法在这一土壤贫瘠、生态限制严重的地区耕种。他们使用一种叫作轮歇（swidden）的方法，也叫刀耕火种法（slash and burn）。

轮歇是指，农民们清理出一小片园地或田地，烧掉倒下的树木和砍伐的灌木（燃烧的灰烬可以快速为土壤提供氮和其他营养物质），然后种植作物。在丛林再次占据土地之前，他们可以种几年庄稼，通常是三年。然后农民继续清理一块新的土地，让原来的土地有机会恢复。

根据梅格斯的说法，这种耕种方法让人们在充满挑战的环境中生活了数千年，而不会像普通农业那样破坏生态系统。不幸的是，轮歇有别的缺点：燃烧掉的植物的大部分营养物质都浪费在了烟雾中，并且这样做会增加大气中的温室气体二氧化碳的含量。此外，使用轮歇方式的农民每隔几年就必须搬到一块新的土地，因此他们无法在大型永久性定居点里生活，只能住在几百人的小村庄里。为此，梅格斯认为，人类对亚马孙河流域只有微弱的影响。

“伪造天堂”中的观点传播得越来越广泛。然而，近年来，一些研究人员发现人们在很久以前就曾操纵过亚马孙河流域的环境，而且这种操纵不是通过轮歇来实现的。

1519 年葡萄牙人绘制的巴西地图，显示了大量印第安人定居点

## 树农

20 世纪 70 年代，有一位研究人员专注于研究刀耕火种法中的“刀耕”部分。生活在世界上最茂密森林中的亚马孙河流域，人必须清除大量树木才能清理出一小块儿土地。许多树的树干粗达 1 米多甚至更粗。然而，研究表明，用石斧（在欧洲人把钢制工具带到美洲之前，美洲原住民使用的就是这种工具）砍一棵 1.2 米粗的树，得用 115 个小时。要想清理出一块中等大小的土地，需要 153 个 8 小时工作日，中间没有休息，或是正常的小半年时间。

如今，亚马孙河流域的农民用刀耕火种法时使用钢斧和大砍刀，这些工具清理土地时可以比石器快 20 倍。因此，一些研究人员现在认为，也许轮歇法根本没有在亚马孙河流域沿用几千年那么久。轮歇法不可能使用石器。考虑到农民必须要做的所有事情，他们根本没有那么多时间，每隔几年就花掉几个月时间用石斧清理田地。研究人员认为，只有使用钢铁工具的时候，刀耕火种法才行得通。如果是这样，那么这种农业模式只可能有几百年的历史。在此之前印第安人都在做什么呢？

那些调查了亚马孙河流域的遗址的科学家说，他们在种植树木。根据这种理论，早期居民用石斧艰苦地清理出小块土地，然而，他们并没有用这些土地种植庄稼，因为庄稼每过几年就会被复原的森林覆盖，他们会用这块土地来种树，种植的树木可以长期为他们供应食物，而且不需要费心打理。因此印第安人并没有砍伐森林来开辟耕地，换句话说，他们通过种植有用的树木，用人工林替代了天然森林。

亚马孙河流域不缺少树木作物。有水果树、坚果树、可食用棕榈树，甚至还有能结出香草味果实（被称为冰激凌豆）的树。该地区已知的 138 种被选育的植物中，有一半以上是树木。“参观者总是感觉很惊奇，人们可以在森林里散步，还能随时从树上采摘水果。”植物专家查尔斯·克莱门特（Charles R. Clement）说：“那是因为这些树是人们种植的，其实他们是在古老的果园里散步。”

克莱门特研究巴西人如何使用植物。他和其他一些专家开始认为大部分亚马孙森林——或许是除了每年雨季都会被洪水淹没的那部分之外的全部森林——都是人类创造的。数千年来，通过在这里种几棵树、在那里种几棵树，亚马孙人慢慢地将这个流域变成了适宜人类生活的胜地。这片胜地如今仍然展现着历代果园种植者的雕琢痕迹。

在贝尼（玻利维亚东部的一块广阔平原）也可以看到古印第安人劳作的痕迹。贝尼位于亚马孙河流域的南部边缘，面积大致与湖南省相当。每年有一半的时间，安第斯山脉积雪融化，水流顺山而下，在贝尼泛滥成灾。其余时间的贝尼几乎和沙漠一样干燥。

贝尼各处有多达 1 万个森林岛屿。这些岛屿能高出周围平原近 20 米。本可能被每年一度的洪水淹死的树木可以在这些岛屿上生长，这些岛屿由绵长挺拔的土丘像高架道路一样连接起来。

一些考古学家认为，贝尼的森林岛屿和亚马孙

## 珍贵的桃棕

桃棕是亚马孙河流域最有用的树木之一。它高大挺拔，能结出一簇簇富含油脂的红色或橙色果实，果实富含维生素和蛋白质。这些果实可以煮熟或烟熏食用，也可以晒干后磨成粉末，或煮熟发酵制成啤酒。桃棕树通常每年结两次果，产果期长达 70 年，它的亩产量高于玉米、水稻和豆类。

在亚马孙河流域的许多人造果园中，人们都发现了这种非常有用的树，它甚至可能是通过基因工程创造的，一位研究人员认为印第安人曾经杂交了几种棕榈树，最后产生一种具有卓越特征的新物种。桃棕起源于南美洲，并向北传播到中美洲和加勒比海。17 世纪的一位欧洲游客写道，美洲原住民非常珍视桃棕，“仅次于他们的妻子和孩子”。

在亚马孙热带雨林中搬运桃棕果实的雅诺马米（Yanomami）印第安人

### 彩绘岩洞的秘密

圣塔伦市坐落在巴西境内亚马孙河的南岸。在河对岸，有高达 150 米的砂岩山丘，有的地方甚至更高，这是亚马孙河流域这个平原世界里罕见的景象。山丘里的洞穴显示出人类活动的迹象。墙上散布着古代的岩画：手、星星、青蛙和人物等图案。20 世纪 90 年代，考古学家安娜·罗斯福（Anna C. Roosevelt）挖掘了其中一个洞穴——彩绘岩洞（Painted Rock Cave，葡萄牙语称为潘卓品塔达岩洞）。她和她的同事们最先发现证据，证明古印第安人（Paleoindians）早在公元前 6000 年便居住在洞穴中。这些古印第安人使用过陶碗，这是美洲已知最古老的陶器。罗斯福借用了附近一个村庄的名称，称这些古代人为派图纳（Paituna）文明。

罗斯福继续进行挖掘，随后她发现了一些完全出乎意料的东西：一个更深更古老的地层有人类定居的痕迹。这一证据表明，在大约 13 000 年以前，古印第安人就居住在彩绘岩洞里，以水果和鱼为食，并在墙上留下了手印，而那时的克洛维斯人正在北美狩猎野牛。亚马孙流域的人类历史又向前推移了很长一段时间。

河流域内部及其周边的其他类似的地方一样，是组织完善的大型印第安社群建造的，其年代比哥伦布在美洲上岸早很多年。人们建造这些岛屿是为了使自己和他们种下的树木能够在每年的洪水中存活下来。

如果这些考古学家是对的，那么南美洲的热带地区就是高度发达文明的发源地，这些文明巧妙地改造了人们的生活环境。它们在欧洲人抵达后瓦解或消失，只剩下一些土木工程和其他难以辨认的痕迹。这种关于古亚马孙河流域的观点是否属实？只有进一步的研究才能回答这一问题。有一个研究领域就是专注于研究这里的土壤，而不是随大流去概括整个亚马孙河流域的情况。

## 黑土地

巴西人常说“印第安黑土地”。虽然亚马孙河流域的土壤普遍贫瘠，但也有很多优质的土壤。这些优质的土壤十分肥沃，富含营养物质。虽然亚马孙的雨水和太阳让农作物饱受折磨，但黑土地可以让农作物在肥料很少或没有肥料的情况下生长很多年。这种“黑土地”，常常出现在河漫滩边缘的低崖或山丘上，也就是雨季时，会被雨水覆盖的地区。黑土地层通常深约 0.3 到 0.6 米，最深的地方达 1.8 米。

是什么导致这种异常的土壤在这些地方形成的呢？答案在于土壤的成分——碎陶片。科学家认为，黑土地不是自然产生的，而是由同样制造了陶器的人所创造的。

陶器碎片不会让黑土地拥有使它有名的长久的肥力。土壤的肥力来自木炭（植物在低温下燃烧得到的产物），它让土壤中的营养物质相结合。用刀耕火种的方法将树木完全焚烧无法产生足够的木炭来制造黑土。因此，古印第安人不得不实践“刀耕炭种”。他们让植物不完全燃烧，生产出木炭，然后将其搅入土壤（南美部分地区的印第安人今天仍然用这种方式处理土壤）。黑土地还富含其他有机物质，包括人类粪便、厨余、龟骨和鱼骨。生活在其中的特殊微生物（如细菌）可能也会使土壤肥沃，并有助于其长期保持肥力。

来自巴西和美国的科学家们仍在绘制亚马孙河流域中黑土地的位置，他们也在研究这种人造土壤的历史和特征。他们的研究也许不仅仅能揭示亚马孙古代土壤改造家们的技巧，创造黑土地的方法有一天可能会被用来拯救世界上其他地方被破坏或者贫瘠的土地。

正在使用扎拉卡塔娜或吹箭——一种狩猎用武器——的巴西印第安人

# 第十章

# 火焰之地

17 世纪 40 年代，欧洲人的定居点才刚在北美出现不久，一位名叫阿德里安·范·德·邓克（Adriaen van der Donck）的荷兰律师在哈得孙河谷工作生活。一有机会，邓克就会扔下自己的工作，到现今属于纽约州北部的森林和山谷周围走动。他与当地的美洲原住民一起生活了很久，这些美洲原住民自称是豪德诺索尼人（Haudenosaunee），但欧洲人写的历史通常称他们为易洛魁人（Iroquois）。

在欧洲待了五年后，范·德·邓克渴望回到美洲。他满怀深情地写下他在那里的生活。他说，熊熊的火焰是每年秋天的特征，那时易洛魁人会在田野和森林里点火。一开始，这些野火吓到了邓克，但他慢慢开始明白为什么印第安人会放火。如果所有枯死的杂草、青草和灌木都被烧掉了，那么来年春天新生的嫩芽将会遍布森林，把易洛魁人喜欢狩猎的鹿吸引过来。

随着时间的推移，范·德·邓克已经慢慢开始欣赏年度火景的奇观了。他写道："当在夜间的河流上航行时，你会看见两岸的森林都在闪耀，这样的火焰是一幅绝妙

1609 年，哈得孙河谷的印第安人

的景观。”随着火焰向森林的左右两边蔓延，殖民者惊讶地凝视着自己的船只从火焰的通道中驶过。邓克表示，在放火季里，火苗和火焰随处可见，创造了一个“远远看去令人心旷神怡的景象”。

哈得孙河谷的易洛魁人并不是美洲原住民中唯一点燃自己土地的种族。在北美洲，从大西洋到太平洋，从北部的哈得孙湾到南部的格兰德河，印第安人都会在林地和平原上放火。几乎每个印第安群体都会去塑造环境，至少他们中的一部分用的是火。

## 火焰与森林

美洲原住民点燃土地时，他们正在故意打断生态学家称之为“演替”（succession）的自然过程。所谓演替，就是当一个生态系统的开阔地被填满时所经历的一系列阶段。当今最明显的“演替”的例子之一正发生在华盛顿州的南部，那里一座名为圣海伦（St. Helens）的火山在1980年曾经猛烈喷发。

喷发前，山坡上覆盖着茂盛浓密的森林。火山喷发用岩石、灰烬和泥土将500多平方千米的土地淹没，数以万计的树木被连根拔起。尽管如此，几周之后，被破坏的地方就重新焕发了生机。羽扇豆和其他杂草、野花最先在烧过的土壤中生根，它们为其他植物的归来奠定了基础。

喷发15年后，被毁坏的山坡上星星点点地散布着乔木和灌木，如黑松和柳树丛，而诸如铁杉、花旗松和北美云杉等巨大的植物将在下一拨迁入。每一组植物都跟着前一组植物的脚步，直到生态系统

《草火》，1908年。由著名画家弗雷德里克·雷明顿（Frederic Remington）所画，显示原住民为了吸引猎物，使用受控的火焰烧掉灌木来催生出新的青草嫩芽

达到其最终阶段——高大的森林。

如果生态演替一直持续，那么大陆就会被最终阶段的植被覆盖，我们将会生活在一个满是高大树木的、黑暗且寂静的世界里，而野草、青草、灌木丛和小灌木都会变得很罕见。然而，“演替”总会被打断。有时候，中断演替的是一个大事件，如圣海伦火山的喷发，这种事件清空了大片土地，在这里“演替”就需要从头开始。有时导致中断的是一些小事。一场暴风可能吹倒两三棵树，在森林中间形成一小块空地。洪水可能扫除一片草地里的灌木，让青草重新茁壮生长。然而，在过去的一万年里，北美生态系统中最重要的力量是火。

大火会重置生态学的时钟。发生火灾后，生态系统中的植物（以及以植物为食物或住所的动物）会回到位于“演替”顺序几个阶段之前的状态。森林大火对需要开阔空间和充裕阳光的动植物有促进作用，但对那些喜欢森林中阴凉地面的动植物就是一种阻碍。由于大火对环境的重塑，不同群体的动植物会随着时间的推移兴起衰落，“演替”的循环也会不断重复。

## 受控制的火情

大火有两个主要来源：雷击和人类。在北美洲，雷击火灾在西部山区最为常见。在其他地方，则是印第安人控制下的火情。他们携带着燧石（这是一种坚硬的石头，可以相互敲击产生火花、点燃火把）。当你想到印第安人狩猎时，你可能会勾画出他们使用弓和箭的场景。但是，火把也同样重要。

美洲原住民用火焰去追逐各种猎物：东北部海岸地区的鹿，大沼泽地的鳄鱼，大平原的水牛，内华达州和犹他州沙漠中的可食用蚂蚱，加利福尼亚的兔子和阿拉斯加的驼鹿。托马斯·杰斐逊（Thomas Jefferson）描述了印第安人怎样利用火进

曼丹（Mandan）印第安人在药屋前的野牛舞

## “场面宏大而可怕”

1792年底，彼得·菲德勒（Peter Fidler）和许多印第安人一起穿过加拿大阿尔伯塔省南部的平原。菲德勒是第一个对该地区进行仔细调查的欧洲人。“草在今天都被烧了，”他在11月12日的报告里说，“在过去三天里，一棵松树也看不到。”第二天，他报告说，这片土地被烧了，第三天也如是。一个月后，菲德勒报告说，草丛正在“极其狂野”地燃烧。

“每逢春秋时节，”费德勒写道，“甚至在冬天没有雪的时候，这些大平原通常总有个地方在燃烧。草高风疾时，场面宏大而可怕，大火以惊人的速度迅速扩散。”

草原大火可能很危险，但菲德勒明白他们的目的。他知道，燃烧枯草意味着来年春季和夏季将会长出鲜草——“马匹和野牛的佳肴”。在骑马穿越加拿大平原时，菲德勒目睹了古老的美洲原住民用火来塑造景观的技艺。

行狩猎。他们通过点燃落叶形成一个大火圈，高温和火焰迫使动物逐渐进入火圈中心，这样印第安人就可以用弓箭、飞镖和长矛屠杀它们。

美洲原住民还改造生态系统来供养他们的猎物，如鹿、麋鹿和熊。通过不断点燃矮树丛，他们使得大量的草、灌木和其他早期植被大量生长，从而养活大量食草动物。于是，这样就可以供养食肉动物，以及吃食草动物和食肉动物的人。这种受控的火情保证了肉类的稳定供应。

19世纪，美国作家亨利·戴维·梭罗（Henry David Thoreau）构想了欧洲人到来之前几个世纪北美洲东部的样子。他认为这里一定是一片宏大且完整的森林，一片由茂密的古树形成的荒原。梭罗错了。北美洲东部的森林是由花园、黑莓地、开放的牧场或是草地以及森林拼凑出的生态系统。

野牛或水牛现在都生活在密西西比河西边的平原上。然而，当第一批殖民者抵达北美洲东部时，野牛还能从纽约州漫步到佐治亚州，这里距离它们原来的牧场就太远了。这些动物是被美洲原住民吸引到东部来的，他们用火将大片森林变成了草原或牧场，为这些兽群创造了栖息地。北美洲东部以狩猎野牛为生的印第安人获得了新的食物来源，而这一食物来源也是他们帮忙创造的。

印第安人的大火在这块大陆中部产生的影响最大。美洲原住民把北美洲中部变成了一个广阔的野生动物养殖场，他们频繁地焚烧大平原和中西部草原，把它们变得更大。1804年，探险家梅里韦瑟·刘易斯（Meriwether Lewis）和威廉·克拉克（William Clark）从密西西比河向西穿过巨大的草原时，他们穿过的并不是一片荒野，而是美洲原住民经营了数千年的大型牧场。

印第安人利用燧石和火把与大自然形成了一种

## 土丘建造者，公元前 3400 年—公元 1400 年

平衡，但这一平衡是他们经过不断调整得到的。他们改造美洲的环境，直到让它能像舒适的衣服一样适合他们的生活。美洲原住民的土地管理体系在十分漫长的时间里都很管用——但在欧洲人到达时，一些印第安人正逐渐放弃它。他们采取了一种不同的生活方式，后者改变了他们与环境的关系。

## 土丘建造者

900 年前，在密西西比河沿岸逆流而上的旅人都会隐约看到远处一座人工建造的四层土丘，比埃及的吉萨大金字塔还要大。在这座巨大的土丘周围，有 100 多座较小的土丘，其中一些顶部有木柱制成的墙壁。用于灌溉和运输的运河在玉米田间延伸；木制房屋上覆盖着红色和白色的灰泥；用涂过色的动物皮做成的旗帜随处飘动……这个壮观的地方就是卡霍基亚（Cahokia）——至少 15 000 名美洲原住民的家园。

卡霍基亚位于密苏里州的圣路易斯附近。在 18 世纪，它是格兰德河以北最大的居民点，也是北美洲东半部的悠久的土丘建筑传统的一部分。数千年来，密西西比河及其各条支流（还有一些东南部的河流）沿岸的居民在这片土地上建起了数以万计的土丘。

大多数土丘的形状像巨型锥体或阶梯状的金字塔。但也有些被雕刻成大鸟、蜥蜴、熊以及如鳄鱼那样的长尾生物。在俄亥俄州的皮布尔斯附近，有一条长约 400 米的蛇形土丘。

已知最早的土丘在路易斯安那州，约有 5 400 年的历史。大部分土丘是后来建成的，年代在公元前 3400 年至公元 1400 年之间。由于土丘的建造需要有一定的组织和管理，这说明一些早期的印第安人定居在村镇里，而不是以小型狩猎群体的形式四处流浪。没有人确切知道这些村镇为什么要建造这些土丘，但这些建筑物可能是为宗教目的服务的。一些人把土丘当作坟墓，将贵族的尸体埋入其中，并放入纺织品、工具和珠宝。

考古学家们不知道建造土丘的群体是怎样自称的，但他们已经给几个不同的文化起了名字。公元前 800 年到公元前 100 年间兴盛的阿迪那文化（Adena culture）开启了一件大事——那就是农业。阿迪那文化种植了各种各样要么可以食用、要么有其他用途的当地植物，包括一些蓼科植物、虉草（一种优质牧草）和烟草。

阿迪那文化之后是霍普韦尔文化（The Hopewell culture）。霍普韦尔人发展出了一个广阔的贸易网络，他们用这个贸易网络来交换货物，如安大略的银子和墨西哥湾的贝壳。他们像阿迪那人一样继续建造土丘并进行耕种。后来，霍普韦尔文化衰落后，密西西比文化在北美洲东南部和密西西比河南部沿岸兴起。卡霍基亚是犬牙交错的密西西比各酋邦中的一部分，但它是其中的一个较大的部分。

## 卡霍基亚的兴衰

卡霍基亚的黄金时代大约从公元 950 年延续到 1250 年。那里的人们不是典型的城市居民（如商人或专业的手工业者）。卡霍基亚是由一群聚居的农民构成的。它起初是一群小村庄，但随着人们搬到这个地区参与大型土丘的建筑工程，它就迅速发展起

显然，俄亥俄州南部的蛇形土丘约建于 1050 年，尽管一些考古学家认为它甚至更为古老

来。土丘城可能是由于一场农业革命——人们转而种植玉米——才产生的。

卡霍基亚兴起之前，由于人们的狩猎活动，当地的鹿和野牛正在逐渐灭绝，肉变得越来越稀缺，农业无法弥补这一缺口。藜草等大多数农作物的种子都很小，所以要养活一个家庭需要大量的种子（和劳作）。人们需要一种新的食物来源，他们找到了。

尽管玉米已经在他们身边存在了数百年，但霍普韦尔人对此并未表现出太多兴趣。但是，到了大约公元 800 年时，饥饿的密西西比人开始在河边的平原上种植玉米。玉米养活了该地区不断增长的人口，同时也促进了村镇设施（如粮仓）的发展。组织和监督仓库建设是集权制度出现的一种可能的方式。在那之后，它迈出了促进建立其他公共建筑的一小步，比如土丘和运河。

尽管玉米帮助卡霍基亚崛起，但它也在这座城市的衰落中起到了一定作用。卡霍基亚是格兰德河以北的印第安人第一次试图在一个地方养活和容纳 15 000 人，而他们犯了初学者的错误。为了获得木材来生火做饭和建造房屋，他们砍掉了周围山上所有的树木；为了腾出地方种玉米，他们将所有的灌木丛和天然植被都清除了。由于城市的扩张，灌木丛和森林无法恢复。

与此同时，人们得到越来越远的地方去砍树，将原木拖回城市变得越来越困难。在 1100 年到 1200 年间的某个时候，卡霍基亚人挖了一条长运河，使得另一条较大的小溪中的一部分水能够注入坎亭溪（Canteen Creek）。于是坎亭溪变成了一条横穿过城市的河流。上游的伐木工人可以让原木从新的水道上漂到卡霍基亚，这也为该城市提供了大量的水。

然而事实证明，这些水太多了。该地区夏季被大量降雨冲刷。由于山上没有树木来减缓水流，降雨迅速冲入小溪，使这些小溪比以往更深、更湍急。从大约 1200 年开始，坎亭溪一次又一次地泛滥，破坏了卡霍基亚的玉米收成。随后，大约在 1300 年左右的某个时候，又发生了一场大地震。已经受到洪水打击的城市再也无法恢复。社会发生了动荡，甚至可能爆发了内战。到 1350 年，这座城市几乎成了一座空城。

## 变化的景观

当卡霍基亚人耕种田地、建造土丘时，玉米正逐渐传播到现在美国的东半部。数千年来，美洲原住民主要用火塑造环境。他们用斧头清理出的只是一些小小的园圃。然而，随着玉米的涌入，印第安人烧掉并砍伐出成千上万亩的土地来种植新作物（主要在河谷地区），并且一直清理这些新的田地。经过一段时间的反复试验，他们学会了如何明智地种植，以避免洪水和泥石流。不久之后，许多村庄的周围都被玉米地包围了。

森林包围着田野，但印第安人也在改变着森林。之前，他们烧毁了灌木丛，为放牧鹿和麋鹿创造新的嫩芽。现在他们开始重新种植大片林地，将它们变成长满水果和坚果树的果园。他们从自己栽种的数以千计的树上采摘栗子、山核桃、榛子、山毛榉、橡子、美洲山核桃、核桃和灰胡桃果。

种植玉米不过几百年，东部森林的印第安人就改变了他们身处的环境。曾经地貌各有差异的狩猎场已成为农田和果园。大量森林保留下来用以狩猎，但农业也在增加。美洲原住民创造了自然界的新平衡。

站在城市最高处俯瞰卡霍基亚（复原效果图）

# 美国低地地区，1300 年

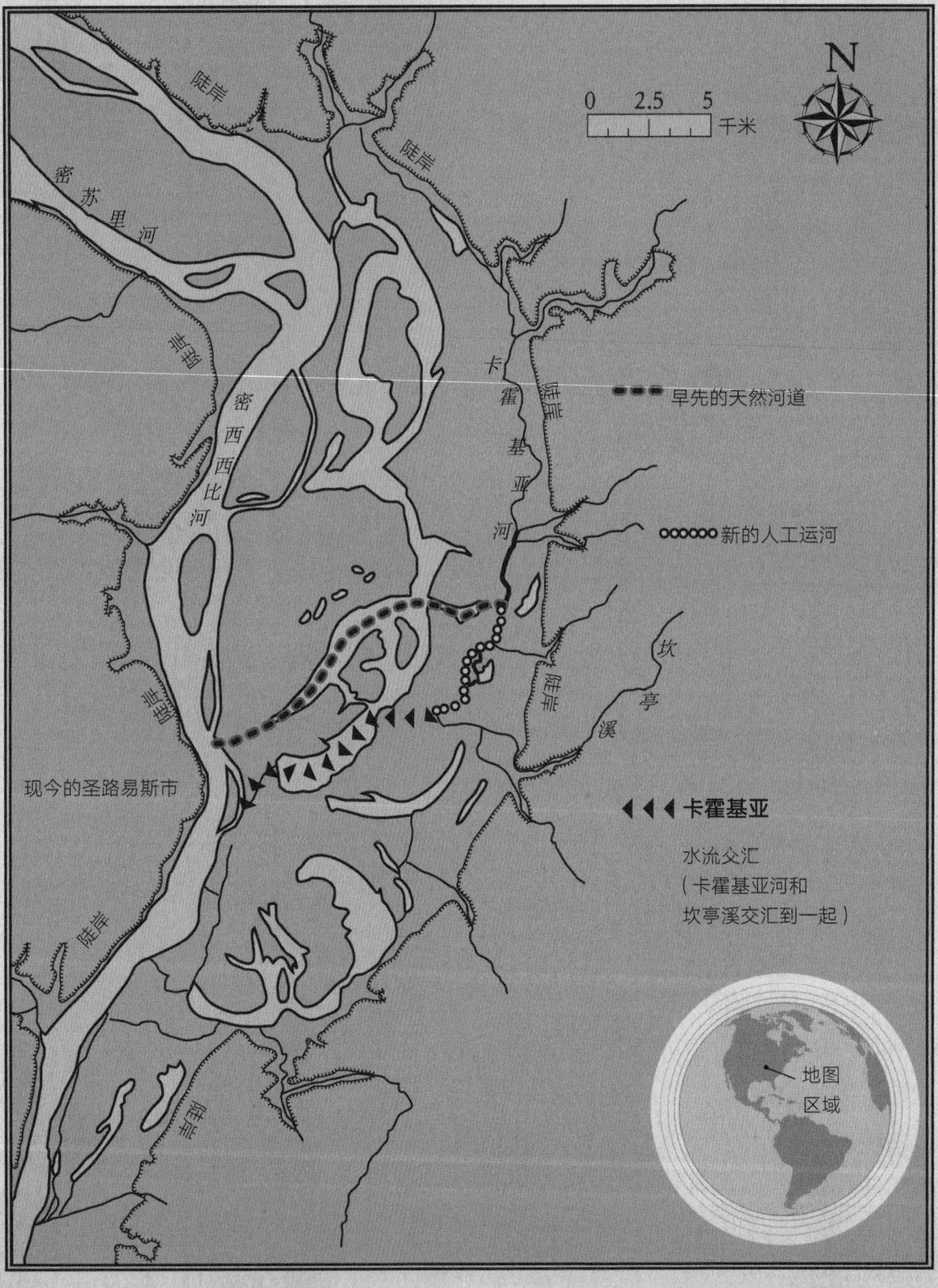

# 第十一章

# 人造的荒原

人们在描述清教徒和北美洲的其他早期定居者时，经常说他们发现自己处在一片巨大的荒原的边缘。实际上，他们所到达的是一片长期有人类耕种的土地。美洲原住民通过放火、农耕和植树来改造土地，以适应他们自己的目的。但清教徒到来的时间正好与正在杀死美洲原住民的疾病浪潮相吻合，塑造了这块土地的人们的死亡使得土地恢复到原来的荒野状态。随后，当清教徒和其他欧洲人定居于这片土地时，他们认为荒野就是这片土地一直以来的样子。

在科尔特斯发动袭击的时候，席卷特诺奇蒂特兰的天花疫情就是此后发生的事情的一个预兆。皮萨罗征服时秘鲁的疫情所造成的毁灭也是如此。而在遥远的北方，就在清教徒到达之前，一位名叫提斯匡特姆的印第安人目睹了同样的毁灭。

## 提斯匡特姆的回归

被一代又一代的美国小学生称为斯匡托的提斯匡特姆是新英格兰的万帕诺亚格人。他在科德角湾（Cape Cod Bay）的帕图西特（Patuxet）长大。1614 年，他被一艘到访附近海岸的英国船的船长托马斯·亨特（Thomas Hunt）绑架了。

当时的英国人在新英格兰还没有永久的殖民地，但是他们的渔船和商船（当然也有其他欧洲国家的船舶）近一个世纪以来已经多次来到这片海岸。船长和水手经常会抓一些美洲原住民，并将他们作为纪念品或奴隶运回欧洲。正如你在本书的引言中读到的，提斯匡特姆就遭受了这种命运。在英国，他学会了说英语，最后在 1619 年，他设法乘坐另一艘英国船回到美洲。

当提斯匡特姆被绑架时，帕图西特是一个繁荣的村庄。春天，穿过村庄的溪流中到处都是鱼。人们在沙土的小山丘上种植玉米，并在附近森林中的橡树、栗子树和山核桃树上收集坚果。像帕图西特这样的村庄遍布这条海岸线，一直延伸到缅因州。当时曾经目睹过这片海岸的许多欧洲人都报告说那里人口稠密。现代历史学家认为新英格兰至少是 10 万印第安人的家园。

然而，当载着提斯匡特姆回家的船沿着海岸行驶时，他肯定以为自己陷入了噩梦。从缅因到马萨诸塞，天空中没有炊烟，这片土地完全是空的。过去这条线上布满的喧嚷村社，现在却成了一堆倒塌的住宅和无人照料的田野。在房屋和田野中到处散布着人类骨骼，被太阳晒成了白色。整个海岸已成为一座墓地。

帕图西特村受到重创，无人幸存。提斯匡特姆和他的英国同伴们向内陆行进，经过了安静而空旷的居民点，里面满是死人。最后他们在一个破破烂烂的村庄里找到了一些幸存者，提斯匡特姆从他们口中了解到发生了什么事。

1616 年，一艘法国船只在科德角遭遇海难，印第安人俘虏了一些水手。然而这些水手携带了一种疾病，捕获他们的印第安人因此也被传染上了这种疾病。后来更多的印第安人生病了，而且越来越多。截止到 1619 年，这种疾病已经导致新英格兰 90% 的美洲原住民死亡。一些现代研究人员认为这种特殊的流行病是某种肝炎，它可能是通过被污染的食物传播的。

提斯匡特姆终于回到了家乡，却发现在短短的几年里，他的家人、他的朋友、他的村庄——他的整个社交世界——都消失了。惊愕之余，他和他的英国同伴回到他们的船上，又和他们一起乘船前往缅因州。但是，当他到达那里时，提斯匡特姆意识到他不能留下，他必须回到马萨诸塞。在回程中，一些幸存的万帕诺亚格人抓住了他，可能是因为他与绑匪以及带来疾病的人——令人憎恨的欧洲人——有联系。

## 友好的印第安人

不久之后，一般被称为清教徒的英国殖民者们抵达马萨诸塞州的普利茅斯湾，并在那里建立殖民地。清教徒们发现这片土地几乎空无一人。急需粮食的他们洗劫了废弃的印第安人房屋，寻找后者的粮食储备。该地区的一些美洲原住民仍然活着，清教徒可以通过提斯匡特姆与他们交流。

提斯匡特姆将会以前来帮助清教徒的“友善的印第安人”的身份名垂青史。事实上，他是被万帕诺亚格人的首领——马萨索德（Massasoit）派到清教徒那里去的。马萨索德不信任提斯匡特姆，但他也不喜欢且不信任清教徒们。然而，他却认为他们可能成为对抗另一个相邻的印第安部落——纳拉甘西特人（Narragansett）的盟友。纳拉甘西特人没有受到瘟疫的袭击，所以现在他们的人数远远超过了万帕诺亚格部落。如果纳拉甘西特人与其发生冲突，马萨索德想让清教徒站在他那一边。一旦马萨索德决定与清教徒接触，那么他别无选择，只能任用唯一可用的翻译，也就是提斯匡特姆。

接替威廉·布拉德福德（William Bradford）执政的清教徒总督爱德华·温斯洛（Edward Winslow）写道，提斯匡特姆对英国殖民者的帮助之一是教他们种植玉米。他的方法包括将鱼当作肥料，与玉米种子一起埋在土壤中，从而获得好收成。然而，这可能不是印第安人传统的农业技术。研究人员几乎没有发现美洲原住民用鱼种植玉米的证据。然而，欧洲部分地区的农民数百年来一直使用鱼类作为肥料。在欧洲游历期间，提斯匡特姆曾经在人们用鱼种植作物的地方待过。他可能学会了欧洲把鱼当作肥料的方法，然后将其介绍给了清教徒和其他印第安人。

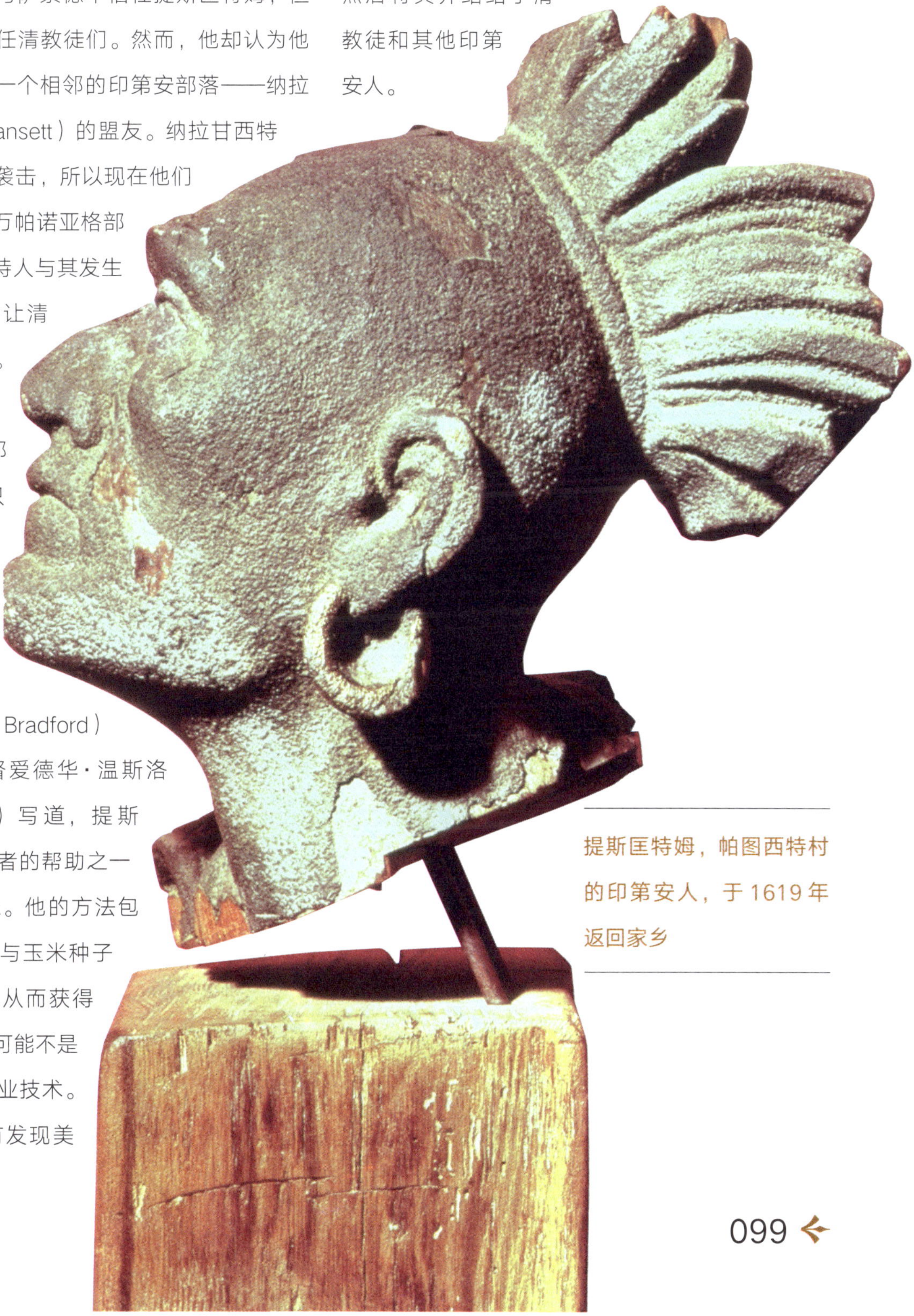

提斯匡特姆，帕图西特村的印第安人，于1619年返回家乡

发现印第安人玉米储备的清教徒

无论用鱼当作肥料的想法来自哪里，提斯匡特姆的帮助对于清教徒们而言都是一件幸事。他们在其他方面也很幸运。如果没有死去的印第安人留下的玉米，他们可能无法在第一个冬天的饥荒中幸存下来。此外，如果印第安人没有被疾病夺去生命，他们可能无法在海岸上建立持久的定居点……而这种疾病正是早先时候来自欧洲的访客所带来的。

## 疾病潮

正如在墨西哥和秘鲁发生的那样，北美洲的人一旦开始接触欧洲人，就会感染传染性疾病。然而，疾病并没有在一两次暴发后就消失，它贯穿了整个殖民时期。

两次最严重的天花暴发于独立战争之前以及战争期间。这些流行病不仅杀死美洲原住民，也会杀死殖民者。到这时，殖民地里已经有很多在美洲出生的人。然而，由于天花只是一个偶然的、可怕的访客，许多出生在美洲的殖民者从未接触过它。像印第安人一样，他们没有在童年获得免疫力。

1774 年，第一次天花疫情开始在波士顿城外暴发。它在该地区潜伏了数年，如狙击手一样每天制造 10 到 30 个受害者。马萨诸塞州的革命领袖之一约翰·亚当斯（John Adams）写信给他的妻子说：“天花！天花！我们到底该怎么对付它呢？”许多革命战士死于天花，以至于亚当斯和其他人担心粉碎美国人民起义的可能不是英国士兵而是这种疾病。

天花沿着海岸在美洲原住民中蔓延。它袭击了切诺基族（Tsalagi）和易洛魁族，在欧洲人的记载中它们部族的名字分别是 Cherokee 和 Iroquois。这两个部落都是英国人的盟友，但在疫情暴发后，他们的力量已经虚弱到无法进行战斗。因此疫情对革命者既有伤害，也有帮助。

1779 年，随着大西洋沿岸的流行病逐渐消退，西班牙治下的墨西哥殖民地暴发了天花。它在墨西哥城肆虐，在不到半年的时间里就杀死多达 18 000 人，然后通过中美洲一路向南传播。

这种流行病也向北蔓延。1780 年，在去往新墨西哥州州府圣达菲（Santa Fe）的路上，人们开始因天花而死亡，这种疾病从这里开始在北美洲西部这个全新的地区暴发。沿着自古以来就十分热闹活跃的美洲原住民的贸易路线行进，天花在两年内就已蔓延到加拿大北部的哈得孙湾岸边。

1781 年的一个黎明之前，一群黑脚族印第安人（Blackfoot Indians）在加拿大阿尔伯塔省（Alberta）发现了一个肖松尼族（Shoshone）的营地。因为这两个部落是对手，黑脚族袭击了正在沉睡的肖松尼族人。当他们切开肖松尼族的帐篷，然后进去战斗时，他们吓得停了下来。其中一人后来说，“这里没有战士，只有死人和将死的人。”肖松尼族人身上满是天花的疮口。黑脚族人并没有触碰尸体，但他们还是生病了。

这幅 17 世纪的木刻展示了许多死于天花的万帕诺亚格人（他们住在现在的马萨诸塞州）

疫情一路蔓延到太平洋沿岸。1792 年，当一位名叫乔治·温哥华（George Vancouver）的英国探险家来到华盛顿的皮吉特海湾时，他发现了荒芜的村庄、弃船和到处散落的尸体，剩下的少数幸存者也因为天花而满身疮疤、眼睛失明。

## 没有园丁的花园

在北美洲各地，新的疾病摧毁或削弱了美洲原住民社群。几个世纪以来，这些社群管理着这片土地——每年焚烧灌木丛，狩猎野牛，捕捉鲑鱼，清理和重新种植森林，建造运河、梯田以及灌溉沟渠，种植栽培地和田地。当印第安人开始消失时，他们管理的环境突然变成了一个没有园丁的花园。

没有印第安人的大火遏制之后，森林一直蔓延到了俄亥俄州、密苏里州和得克萨斯州等地的草原。无人管理的玉米田里到处都长满了杂草、灌木和树木。在东部的森林里，开阔的公园般的树林和果园很快就被整片漆黑、茂密的森林填满。

大陆上的动物数量也开始暴增。随着狩猎的印第安人越来越少，鹿、麋鹿和野牛的数量大大增加。猎物在这片土地上泛滥成灾。1579 年，当弗朗西斯·德雷克（Francis Drake）爵士成为第一位驶入旧金山湾的英国航海家时，他看到了一片充满生机的土地，又大又肥、数不清的鹿群在那里漫游。德雷克并不知道，就在一个世纪之前，在疾病从印第安人与欧洲人最早发生接触的地方传播到加利福尼亚州之前，这片海湾的海岸线有大量印第安人定居，而鹿则要少得多。

野牛也可能突然变得更多。16 世纪中叶，在埃

清教徒接待马萨索德

弗朗西斯·德雷克爵士

尔南多·德·索托的远征队在美国东南部各地来回游历的四年间，西班牙人遇到了很多人，但他们的旅行报告却没有提到野牛。一个多世纪以后，法国探险家沿密西西比河旅行时，发现这片土地上空无一人，却有大群野牛在河边的草原上吃草。对许多人来说，这些大群的北美野牛是欧洲人到来之前北美“自然”的象征。但是，现在有些研究人员认为，这些牛群仅仅是在新的疾病开始杀死印第安猎人后才变得庞大起来的。

窥探过去的方法有很多种。考察美洲原住民居住地的考古学家可以在他们的旧垃圾坑中数出骨头和种子的数量，借此了解他们吃了什么。环境科学家可以研究人类、植物和动物如何相互作用，以了解改变一个物种如何影响与其同属一个生态系统的其他物种。考古学家和生态学家正在使用上述方式和其他许多方式来揭示美洲历史的新图景。

还有很多细节仍然有待探索，也并不是所有的专家都同意上面所有的观点。尽管如此，大多数研究人员现在都认可美洲原住民在很大的程度上管理着他们的生态系统。当大量印第安人突然死于疾病时，他们再也无法在同样的程度上管理自己的生态系统，情况就这样开始发生变化。

## 大鸽群的消逝

“蓝色流星”——有些人这样称呼旅鸽。它们的颜色是蓝灰色的，飞行速度很快，像在天空中划过的流星一样。在地面上，这些优雅的鸟儿却变成了贪婪的、狼吞虎咽的吃货，它们吞食各种种子、坚果、水果和谷粒。它们可以在几分钟内将一块田地吃得一干二净。

在欧洲人定居的早些年，大量的旅鸽在北美上空飞翔。鸽群中有数以百万计的鸽子，当它们从头顶飞过时，天空会一度变暗几分钟。在18世纪，印第安人和殖民者都在大量猎食鸽子。这种猎杀一直持续到了19世纪。然后突然之间，巨大的鸽群消失了。最后一只已知的旅鸽被命名为玛莎，也就是乔治·华盛顿的妻子之名。而当玛莎在1914年死去时，该物种就灭绝了。

1875年，猎人射击身边正在迁徙的大鸽群

旅鸽有时候被认为是过去的美洲野生动物丰富的象征（也就是在欧洲殖民者带来枪支并开始过度捕猎之前）。它们也是人类如何不经意间肆意摧毁自然资源的象征。但是，一些研究人员相信，在哥伦布来到美洲之前，巨大的鸽群并不为人所知。旅鸽确实存在，但数量绝非如此庞大。

曾有人对美洲原住民生活过数百年的卡霍基亚进行了六次骨骼调查，试图发现原住民的食谱。调查发现了很多来自动物、鸟类甚至是鱼类的骨头，但只有少数旅鸽的骨头。对卡霍基亚进行了多年研究的威廉·伍兹（William I. Woods）认为，在哥伦布来到美洲之前的几个世纪里，旅鸽并不是特别常见的动物。然而，在疾病开始杀死那些曾经照看这片土地的美洲原住民后，他们废弃的田地、花园和果园突然成为旅鸽可以利用的食物来源，因而鸽子的数量急剧增加。按照这个理论，历史上有名的庞大鸽群是在欧洲传来的疾病结束了印第安人对环境的长期管理之后才产生的。

哥伦布登陆美洲

它发生得很快。第一批到达美洲的许多欧洲探险家和定居者曾写过：他们发现废弃的田地和森林中没有灌木丛，他们可以骑着马在林间疾驰，或者乘坐马车在林间穿梭。这是美洲原住民创造的景观。不过，森林正在逐渐恢复。

到了 18 世纪后期的美国独立战争时期，这片大陆的许多地方都被厚厚的无人居住的林地覆盖。新生的美国人民并未意识到这里的大部分土地与第一批欧洲人抵达时相比已经大不相同。他们认为森林永远在那里，亘古不变。

然而，森林只是最后发生的景观转变。变化始于美洲原住民，他们在数千年的时间里操纵着他们的环境。当他们不再照顾自己的草原、林地、果园和花园时，森林就取而代之了。人类塑造了景观，人类和他们的疾病又帮忙创造了随后出现的荒野。

我们的教科书和电视节目可能还需要一段时间才能接受这样一个事实：当欧洲移民到达时，美洲并不是一片荒野，或者说，亚马孙森林中有成千上万片精心种植的树木花园，或者金字塔在埃及存在之前就已经矗立在秘鲁的海岸上了。随着新的发现和讨论增加了我们对前哥伦布时期美洲的了解，这些以及其他有关美洲历史的革命性新观念仍在不断形成。

早期的美洲原住民社会比现代历史学家曾经认为的更古老、更庞大、更复杂。几千年来，通过发明玉米耕作技术，用火改造地貌景观，以及管理猎物数量，印第安人有效地利用了这片土地。他们还建立了一套文化，这些文化对于现在居住在北极到南美洲之间的数百万人来说，仍然保持着强大的影响力。

欧洲人及其疾病的到来使美洲原住民的数量出现了长期的减少，但在 21 世纪初期，印第安人的数量开始上升。就像印第安人过去与美洲景观互相影响一样，他们将在决定美洲将来的面貌以及如何使用这片土地的问题上发挥重要的作用。

## 词汇表

**HLA 型（HLA profile）：**每个人从其父母遗传到的 HLA（被称为人类白细胞抗原的抗疾病分子）的排列。

**阿尔蒂普拉诺高原（altiplano）：**安第斯山脉的两条山脊间的高原地貌。

**白令陆桥（Beringia）：**现代科学家们给在冰河时代连接西伯利亚和阿拉斯加的旱地桥梁的名字，当时的海平面远低于现在的水平。

**地层学（stratigraphy）：**研究地层之间的空间关系和形成时间顺序，并据此进行地层划分与对比，从而建立地层层序系统的一门学科。其中利用考古发掘的化石或土质来确定遗物年代的，又被称为考古地层学。一般来说，较深地层比其上方地层的年代远。

**地质学（geology）：**研究地球的一门科学。主要研究地球的物质组成、内部构造、各种地质作用、地球的形成和演变的历史。

**放射性碳测年法（radiocarbon dating）：**基于放射性碳衰变来推断年代的方法，这种方法假定空气中的碳 -14 的衰变速率是个常数，然后利用校准曲线将放射性碳测年转为日历年。

**更新世（Pleistocene epoch）：**第四纪的第一个世，距今约 260 万年至 1 万年。更新世冰川作用活跃。

**古生物学（paleontology）：**研究古代的或已灭绝的动物、植物的学科，通常通过化石进行研究。

**古印第安人（Paleoindians）：**美洲最早的居民，出现在现代美洲印第安人文化之前。paleo 意为“旧的”。

**巨动物群（megafauna）：**栖居在特定区域的大型陆生脊椎动物群。

**考古学（archaeology）：**根据古代人类活动遗留下来的实物史料研究人类古代情况的一门学科。

**轮歇农业（swidden farming）：**也被称为刀耕火种，一种农耕方法，人们砍伐一小片田地里的树木及灌木，烧掉植被来使土壤充满氮气，耕种几年，到土壤失去肥力时，转移到另一块土地。

**人畜共患病**（zoonotic disease）：也称为“动物源病”。人类和脊椎动物具有共同病原体、共同罹患的，并在流行病学上又有关联的疾病，如流感、天花。

**栽培地**（milpa）：传统的中美洲田地、园地或农场，种植玉米和豆类，以及其他各种作物，如南瓜、辣椒和鳄梨。

**征服者**（conquistador）：参与探索和征服美洲的西班牙冒险家。

**中美洲**（Mesoamerica）：包括墨西哥和美洲中部在内的地区。

**字符**（glyph）：古代中美洲人在写作时使用的符号。

## 补充读物

Baquedano, Elizabeth, and Barry Clarke. *Aztec, Inca, and Maya*. New York: DK Publishing, Inc., 2005.

Calloway, Colin G. *One Vast Winter Count: The Native American West Before Lewis and Clark.* Lincoln: University of Nebraska Press, 2003.

Calvert, Patricia. *The Ancient Inca*. New York: Franklin Watts, 2004.

Cooke, Tim. *Ancient Aztec: Archaeology Unlocks the Secrets of Mexico's Past*. Washington, DC: National Geographic Society, 2007.

Fleet, Cameron, ed. *First Nations—Firsthand: A History of Five Hundred Years of Encounter, War, and Peace Inspired by the Eyewitnesses*. Edison, NJ: Chartwell Books, 1997.

Hakim, Joy. *First Americans*. New York: Oxford University Press, 2005.

Josephy, Alvin M., Jr. *500 Nations: An Illustrated History of North American Indians*. New York: Gramercy Books, 2002.

McCall, Barbara. *Native American Culture: The European Invasion*. Vero Beach, FL: Rourke Publications, Inc., 1994.

Nicholson, Sue. *Aztecs and Incas: A Guide to the Pre-Colonized Americas in 1504*. London: Kingfisher, 2000.

Page, Jake. *In the Hands of the Great Spirit: The 20,000-Year History of American Indians*. New York: Free Press, 2003.

Thomas, David Hurst, et al. *Native Americans: An Illustrated History*. Atlanta: Turner Publishing, Inc., 1993.

Wilson, James. *The Earth Shall Weep: A History of Native America.* New York: Atlantic Monthly Press, 1999.

Wright, Ronald. *Stolen Continents: Five Hundred Years of Conquest and Resistance in the Americas.* Boston: Houghton Mifflin, 1992.

## 网址

Native American Cultures Canyon Rock Art
http://teacher.scholastic.com/activities/explorer/native_americans/mission_canyon.asp

Native American Homes
http://www.native-languages.org/houses.htm

National Museum of the American Indian
http://www.nmai.si.edu/exhibitions/first_american_art/firstamericanart.html

Carnegie Museum of Natural History
http://www.carnegiemnh.org/exhibits/north-south-east-west

# 照片和插图来源

目录：American School/The Bridgeman Art Library/Getty Images
p. I: Antonio Gisbert/The Bridgeman Art Library/Getty Images
p. IV: Library of Congress, Prints and Photographs Division
p. VI: Charles C. Mann
p. 2: George Steinmetz/Corbis
p. 4: L. Kragt Bakker/Shutterstock.com
p. 5: © Eric Lawrie/Hutchison Picture Library
p. 6: Charles C. Mann
p. 8: AP Photo/Proyecto Caral, HO
p.10 (*all*): Proyecto Arqueologico Norto Chico
p.12: Charles C. Mann
p.13: John Doebley
p.14: The Granger Collection, New York
p.16: Bildarchiv Preussischer Kulturbesitz/Art Resource, New York
p.17: Maria Stenzel/National Geographic Image Collection
p.19: Mayan/Bridgeman Art Library/Getty Images
p.20: National Geographic Image Collection/Matthew W. Stirling
p.22: Georg Gerster/Photo Researchers, Inc.
p.24: Charles C. Mann
p.25: Topical Press Agency/Hulton Archive/Getty Images
p. 26: Joyce Marcus
p. 29: Curtis Kautzer/Shutterstock.com
p. 32: Bildarchiv Preussischer Kulturbesitz/Art Resource, New York
p. 33: Nicolas Raymond/Shutterstock.com
p. 34: Charles C. Mann
p. 37: Time & Life Pictures/Getty Images
p. 38: Bildarchiv Preussischer Kulturbesitz/Art Resource, New York
p. 39: Bildarchiv Preussischer Kulturbesitz/Art Resource, New York
p. 42: The Granger Collection, New York
p. 44: Celso Diniz/Shutterstock.com
p. 46: Charles C. Mann
p. 47: Devin Koob/Shutterstock.com
p. 48: Miguel Gonzalez/Bridgeman Art Library/Getty Images
p. 49: Werner Forman/Art Resource, New York
p. 50: The Granger Collection, New York
p. 51: The Granger Collection, New York
p. 52: The Granger Collection, New York
p. 54: Art Resource, New York (*pictographs*)
p. 55: Pete Bostrom, Lithic Casting Lab (spear points)
p. 56: Charles C. Mann
p. 58: NASA Jet Propulsion Laboratory, Inc.
p. 60: Tom Dillehay
p. 61: Richard Schlecht/National Geographic Image Collection
p. 62: Courtesy of Royal BC Museum
p. 64: Sinclair Stammers/Photo Researchers, Inc.
p. 66: Werner Forman/Art Resource, New York
p. 67: John Sibbick
p. 70: The Granger Collection, New York
p. 71: The Granger Collection, New York
p. 74: The Granger Collection, New York
p. 75: The Granger Collection, New York
p. 76: The Granger Collection, New York
p. 78: Araquém Alcântara
p. 80: Charles C. Mann
p. 81: The Granger Collection, New York
p. 83: The Granger Collection, New York
p. 84: Victor Englebert/Time & Life Pictures/Getty Images
p. 86: North Wind Picture Archives
p. 88: The Granger Collection, New York
p. 89: © Amon Carter Museum, Fort Worth, Texas/A.K.G., Berlin/SuperStock
p. 90: The Granger Collection, New York
p. 92: Charles C. Mann
p. 94: National Park Services
p. 95: Cahokia Mounds State Historic Site/Lloyd K. Townsend
p. 96: Charles C. Mann
p. 99: American School/The Bridgeman Art Library/Getty Images
p. 100: The Granger Collection, New York
p. 101: North Wind Picture Archives
p. 102: The Granger Collection, New York
p. 103: Marcus Gheeraerts the Younger/The Bridgeman Art Library/Getty Images
p. 104: The Granger Collection, New York
p. 105: The Newark Museum/Art Resource, New York